U0344007

造物研究：《长物志》造园思想研究

Study on Creative Thoughts: Landscape Idea of *Treatise on Superfluous Things*

谢华　著

武汉理工大学出版社

图书在版编目（CIP）数据

造物研究：《长物志》造园思想研究 / 谢华著. 一武汉：武汉理工大学出版社，2019.11

ISBN 978-7-5629-6227-4

Ⅰ. ①造… Ⅱ. ①谢… Ⅲ. ①工业设计一研究 Ⅳ. ①TB47

中国版本图书馆CIP数据核字（2019）第290299号

造物研究：《长物志》造园思想研究

ZAOWU YANJIU:《ZHANGWUZHI》ZAOYUAN SIXIANG YANJIU

项目负责人：张青敏　　杨　涛

责 任 编 辑：向玉露

责 任 校 对：李正五

装 帧 设 计：艺欣纸语

排　　　版：武汉艺欣纸语文化传播有限公司

出 版 发 行：武汉理工大学出版社

社　　　址：武汉市洪山区珞狮路122号

邮　　　编：430070

网　　　址：http://www.wutp.com.cn

经　　　销：各地新华书店

印　　　刷：武汉中远印务有限公司

开　　　本：710×1000　1/16

印　　　张：8.5

字　　　数：113千字

版　　　次：2019年11月第1版

印　　　次：2019年11月第1次印刷

定　　　价：96.00元

凡购本书，如有缺页、倒页、脱页等印装质量问题，请向出版社发行部调换。

本社购书热线电话：027-87515778　87515848　87785758　87165708（传真）

作者简介

谢华，设计学硕士、设计与艺术学博士，国际室内建筑师与设计师理事会（ICIAD）会员，中国建筑装饰室内设计协会注册室内设计师，现任教于武汉理工大学艺术与设计学院展示设计专业。主持教育部人文社科项目——文震亨造物思想传承研究，参编国家“十二五”规划教材，承担“世界文化遗产——武当山紫宵大殿维修保护研究”纵向课题，并获得武汉市科技进步二等奖。至今在设计类核心期刊上发表论文20余篇。“纪念馆展示空间设计”获第八届中国艺术节美术与艺术设计作品展优秀奖，“光谷华美达酒店中餐厅装饰设计”获第九届中国国际室内设计双年展湖北赛区银奖，凭借宜昌豪华游轮项目获2013年“设计优势力（武汉）城市精英设计师”称号。

目 录

第一章
绪论

第一节 文震亨造园思想研究背景及意义

一、文震亨造园思想研究背景

随着世界经济一体化进程加快，各国之间打破民族、地域限制，全球文化、科技更加深入、快速地传播、交流与融合。全球化是一个内容十分丰富的概念，本质上是一个内在充满矛盾的过程。它是矛盾的统一体，既包含一体化的趋势，又包含分裂化的倾向；既有单一化，又有多样化；既是集中化，又是分散化；既是国际化，又是本土化。顺应全球化发展趋势，跨越深层次的文化的界限，以西方现代建筑为主体的国外建筑作品及其理念给中国当代园林建筑带来举足轻重的影响。一方面，在新技术、新的审美观念的激荡下，建筑风格流派的产生与更迭以前所未有的速度展开，形成了后现代主义、解构主义、新理性主义、高技派和地域主义以及建构思潮等诸多理论、思潮、流派和风格。一方面，富有西方特色的文化符号和造型语言给中国当代园林建筑设计注入新的活力，赋予当代园林建筑新的语意诠释，体现了现代社会快节奏、高效率的时代精神，世界范围内跨越人文界限的“国际式”建筑风格盛行。另一方面，泛文化领域的后现代主义思潮一反传统文化的一元性、整体性和纵深性，倡导多元性、破碎性和平面性，彻底否定传统文化与艺术的美学追求和文化信念。在建筑美学上，相对于传统美学的整体协调与和谐统一，后现代美学强调的是无中心、不完整、偶发性、残缺、怪异和丑陋的不和谐美。在全球化背景下，我国园林设计师们也开始盲目地追随西方潮流，园林建筑设计概念呈现“趋同化”状态。独具特色的中国传统园林景观逐渐消逝，导致传统建筑风格的丧失和历史文化脉络的断裂。尤其自“中西建筑交融”以来，不同文化背景孕育出多种多样的园林设计风格，给我国具有几千年文明历史的造园思想带来了巨大的冲击。

从春秋战国至明清时期，相继出现了一批总结我国传统艺术设计成就和设计理论的著作，有的是论述某个品类的功能、造型、装饰、材料、工艺及其设计原则，有的是发表作者对艺术设计的看法、见解，其中较具有代表性的有《考工记》《园冶》《格古要论》《长物志》《髹饰录》《天工开物》《闲情偶寄》等。明代学者文震亨在《长物志》中所阐述的设计思想和审美观念，对现代园林艺术设计既有重要的理论意义，又有许多有益的启迪。《长物志》涵盖衣、食、住、行、用、游、赏等各种文化，完美再现了晚明文人清居生活的物态环境，集中体现了那个时代士大夫的审美趣味，堪称晚明士大夫生活的百科全书，是研究晚明经济、文化、思想的重要历史资料。“自然古雅”“无脂粉气”的审美标准贯穿全书始终，“古”“雅”“韵”是书中频繁出现的字眼。诚如明代沈春泽《长物志序》中所言：“夫标榜林壑，品题酒茗，收藏位置图史、杯铛之属，于世为闲事，于身为长物，而品人者，于此观韵焉，才与情焉。”将物态环境与人格进行对比，通过品鉴长物来评价人，士大夫的才情、修养和物境融为一体，物境便成为文人格调品位的化身。《长物志》以论述私家园林的规划设计艺术，叠山、理水、建筑与植物配置的技艺为主，也涉及园林美学的范畴，可谓私家造园专著的代表作之一，是古典园林自两宋发展到明末清初时期的理论总结。

民居建筑与自然山水林木完美契合，形成富于曲折变化、极具诗情画意的美丽景观，这是中国古典园林建筑的一大特色。正如明代造园家计成在《园冶》中所述“高方欲就亭台，低凹可开池沼”“屋廊蜿蜒，楼阁崔巍”“花间隐榭，水际安亭”，把建筑与自然景观融为一体，达到“虽由人作，宛自天开”的境界，这就是中国园林的独到之处。从先秦至明清，中国古代园林历朝历代均有不俗成就。明代园林史上承园林的成熟期——宋、元两代，下启园林发展的最后一个高潮期——清代，毫无疑问是中国园林史中至关重要的一个环节。明初至中叶的近二百年中，在中央高度集权的统治下，思想文化领域比较沉寂，造园活动也基本处于停滞状态。中晚期后，随着商品经济的发展和市民阶层力量的增长，资本主义开始孕育并发展。特别是从嘉靖、万历到明代末年，资本主义萌芽发展迅速，思想文化活动活跃起来，直接影响到明代中后期的造园活动。复苏的明代园林，起初带着诸多宋代园林的影子，表现出对宋代园林很强的继承性。尤其是在园林布局及审美意趣中，文人私家园林效仿宋代园林的痕迹非常明显。明代中叶以后，文人画作风靡全国并呈独霸画坛之势，达到了绘画、诗文和书法三者的高度融合。文人、画家更为广泛地直接参与造园实践，园林艺术的创作手法也发生了巨大转变，不再是写实与写意相结合，而更倾向于以写意为主。园林的意境更为深远，园林艺术比以往更富于诗文、绘画的趣味，从而赋予园林本身以更浓郁的诗情画意。明末清初，私家园林的主人大多属于当时的文化精英，讲究文品与人品的共同构建，以隐逸出世的情怀、清玩赏鉴的志趣构成了文人阶层完整的人格和精神支柱，他们在“游于艺”中净化人格，在“隐于艺”中涤荡性灵，享受人生。雅藏、雅赏、雅集突出反映了古代文人品玩赏鉴的生活方式，同时也积淀成一种蕴含审美情韵的文化模式。一方面，士流园林的全面文人化促成了文人园林的大发展；另一方面，商贾由于儒商合一、附庸风雅而效法士流，或者本人文化水平不高而聘请文人为其筹划经营，势必在市民园林的基调上着以或多或少的文人化色彩。充满书卷气的文人园林掩盖了市民园林的世俗性质，此类园林的大量营造，必然会成为一股社会力量而影响当时的民间造园艺术。

二、文震亨造园思想研究意义

文化的本质是传统，不同民族、地区的文化传统各不相同。具有地域性、民族性的传统文化在一定条件下可以转化为国际性文化，国际性文化也可以被吸收、融合为新的地域与民族文化。风景园林作为地域文化的载体，应以特定的自然、人文及社会环境为现实背景，集中展现地域特色。作为我国悠久历史文化长卷中的一篇，中国传统园林建筑是一种由文人、画家、造园匠师共同创造的自然山水式园林，崇尚天然之趣、追求古朴之美是其造园艺术的基本特征。以大自然的山水植物为景观构图的主体，以各类建筑彰显园林主人的品位，形成一种审美情趣与自然物境水乳交融的境界，造就极富山水情调的园林艺术空间。

明代学者文震亨所著《长物志》堪称一部中国传统造园思想的集大成之作。虽然受当时社会、经济、科技和文化等方面的影响，造园风格摆脱不了历史条件产生的各种局限，但是在长期的园林建筑演变进程中，《长物志》中所阐释的造园思想内涵对当代造园艺术仍具有借鉴性和启示性。《长物志》中与造园有直接关系的为室庐、花木、水石、禽鱼、蔬果五卷，另外七卷书画、几榻、器具、衣饰、舟车、位置、香茗也与园林有间接的关系。在“室庐”卷中，文震亨把不同功能、性质的建筑以及门、阶、窗、栏杆、照壁等分为17节进行论述。对于园林的选址，文震亨认为

"居山水间者为上，村居次之，郊居又次之"，建筑设计均需要"随方制象，各有所宜；宁古无时，宁朴无巧，宁俭无俗"。"花木"卷分门别类地列举了园林中常用的42种观赏树木和花卉，详细描写它们的姿态、色彩、习性以及栽培方法。他提出园林植物配置的若干原则："庭除槛畔，必以虬枝古干，异种奇名"，"草木不可繁杂，随处植之，取其四时不断，皆入图画"等。"水石"卷共18节，分别讲述园林中常见的水体和石料。水、石是园林的骨架，"石令人古，水令人远。园林水石，最不可无"。"禽鱼"卷虽仅列举鸟类6种、鱼类1种，但对每一种的形态、颜色、习性、训练和饲养方法均有详细描述。如"当筑广台，或高岗土垅之上"，使鹤能"居以茅庵，邻以池沼，饲以鱼谷"，若"欲教其舞"，必须"俟其饥，置食于空野，使童子拊掌，顿足以诱之。司之既熟，一闻拊掌，即便起舞"。"蔬果"卷则重点介绍蔬菜、瓜果的品种、形态、特点以及种植和保存方法等，如：柿有七绝，"一寿，二多阴，三无鸟巢，四无虫，五霜叶可爱，六嘉实，七落叶肥大"。书中特别指出造园应突出大自然生态特征，使得各种植物能够在其中和谐生长。《长物志》是研究我国先民造园经验的珍贵历史遗产，能够为发展当今造园事业提供有益借鉴，从而更好地为社会主义建设服务。

园林作为与当地社会、经济、文化密切相关的一种物质文化形态，是整个社会生活中重要的一个组成部分。随着全球性"文化趋同"现象日益严重，在园林建筑领域强调造园思想的传承性与创新性就显得尤为重要。要避免园林设计中特色消失、景观趋同的问题，现代中国园林设计必须在遵循传统文化及造园艺术的基本原则的条件下，注重民族地域特色和自然环境特征，创造出人们身心得以栖息的、具有文化特征与情感的园林场所。既要承袭传统中国园林的独特意蕴，又要努力营造和当代社会、经济、科技和文化相适应的现代中国园林，通过回归历史传统来重建文化的连续性，这为当代园林设计提供了一种新的思路与方法。

第二节　研究对象与概念界定

一、研究对象

我国造园艺术具有悠久的历史，园林事业的蓬勃发展也孕育出不少造园家，他们总结的造园技艺和经验对后世的园林设计产生了巨大的影响。明代文震亨的著作《长物志》作为园林设计的典籍，被誉为中国造园专著。本书以明代末期的文人园林为研究对象，结合《长物志》的造物美学思想，探讨晚明江南文人园林的造园风格和诠释手法。重点针对中国传统造园技艺的继承与发展，进行比较细致深入的研究。

二、概念界定

中国古典园林作为一种文化载体，不仅真实地反映了中国历代不同的社会背景、王朝的更替，而且鲜明地折射出士人群体自然观、人生观和世界观的演变，蕴含儒、佛、道等哲学或宗教思想，受到山水诗、画等传统艺术的影响。中国古典园林的主人多为士大夫知识分子，他们当中不少还是著名的文学家或书画家，无论是水景、山石景还是建筑景、植物景的营造，都饱含着浓厚的诗情画意，无不流露出营造者高雅的气质与良好的修养。借鉴文学、绘画等多种艺术表现形式，文人们在造园过程中融入其自身的价值观念和思维模式，从而形成中式园林温婉隽永的风格和浑然天成的气势。文人将其对自然风景的深刻理解和对人生哲理的感悟融入造园艺术中，赋予园林以深刻的内涵和意蕴，进一步提升士流园林所具有的清新雅致的格调，附着上一层雅士色彩，这便出现了借以寄托理想、陶冶性情、隐逸遁世的文人园林。

在世界文明史上，魏晋南北朝是古代园林演变为古典园林的转折时期，这一时期出现了真正具有自然审美意趣的中国文人园林。“名士”，是当时士大夫知识分子中涌现出的一个特殊群体，他们冲破礼教的束缚，追求个性、崇尚隐逸和纵情山水，他们所建造的古典园林成为当时园林建筑的主流。文人造园的手法从单纯写实过渡到写实和写意相结合，园林与山水诗、画交相辉映、和谐共生，掀开了后世文人园林的新篇章。进入隋唐盛世，中国园林呈现出历史上空前繁荣的景象。一大批文人直接参与园林规划，积极推动造园技艺的普及和提高。文人官僚开发园林、参与造园，通过这些实践活动而逐渐形成了比较全面的园林观——以泉石竹树养心，借诗酒琴书怡性。当时比较有代表性的文人园林有庐山草堂、浣花溪草堂、辋川别业等，比较有代表性的造园文人有白居易、柳宗元、王维等。经过两宋、明中叶至清的两个时期的发展，风景式园林体系的内容和形式已经完全定型，造园技艺已经达到了较高的水平。特别是晚明时期的江南地区，自由放逸、别出心裁的写意派独占鳌头，绘画、诗文和书法三者达到高度融合，文人、画家更为广泛地参与造园和园林艺术创作，文人园林已成为私家造园活动中的一股潮流，是促成江南园林艺术达到高峰境地的重要因素。清初，康熙帝钟情于江南园林风物之美，在畅春园的规划设计中，首次把江南园林民间造园技艺和文人趣味引入宫廷造园艺术，一改皇家园林雍容华贵的做派，而采用了雅意清新的园林设计，出现了一些优秀的大型寺观园林作品，极具里程碑意义。中国文人园林对皇家园林和寺观园林产生了深远的影响，并随着改朝换代、政治经济形势的更迭变化而逐渐成为一种造园模式。

纵观中国古典文人园林的诞生与发展，它经历数百年甚至上千年的风雨锤炼，对过去和现代的园林艺术都有着重大意义。文人园林的风格多呈现出古朴雅致、浑然天成的特色，在咫尺之地收纳大千世界的美景，无论一树、一石还是一草、一木，都经过造园者精心推敲，倾注文心诗意，从而达到景简意浓的艺术效果，反映人与自然的亲和感。中国古典文人园林中对于自然景观的设计，是一种独具匠心的诠释，体现了人与自然密切联系的设计理念。植根于中国传统文化土壤，中国古典文人园林旨在协调人与自然的关系，实现人与自然的和谐共处，对当今园林可持续发展理论和实践都做出了巨大贡献。

第三节　文震亨造园思想的国内外研究现状

一、国外研究状况

我国传统艺术设计作品和设计理论著作中所阐述的设计思想和审美观念，为国内外环境艺术设计提供了十分珍贵的文献资料。对于中国古代造园技艺的发展，国外学者尚缺乏深刻、全面的认识，所以国外园林研究的深度、广度比起国内的还有相当大的距离。

英国学者克鲁纳斯（Craig Clunas）于1991年发表论文《长物志：早期现代中国的物质文化与社会状况》（*Superfluous Things: Material Culture and Social Status in Early Modern China*），从物质文化角度研究了文震亨的

《长物志》。明代社会生活在历史上处于一个大转折时期，商品经济的兴盛、市民阶层的涌现使得明代赏玩之风盛行，并由此带动物质文化呈现出繁荣的景象。奢侈消费的风气动摇了传统士大夫的社会地位，他们不得不创造新的品味以重塑其与众不同的身份。通过分析晚明社会中流行的长物收藏行为和当时政治经济与意识形态之间的复杂关系，克鲁纳斯指出长物鉴赏之道不是盲目地附庸风雅，而在于潜心地休养生息。1996年，克鲁纳斯出版了《果实累累之地：中国明代的园林文化》（*Fruitful Sites：Garden Culture in Ming Dynasty China*）一书，承认园林具有审美的特点，但这种审美活动专属于特权和贵族阶层，园林中的文人雅集、诗酒酬唱是特权阶级用来彰显其地位和名望的一种规则。明代造园家在园林建筑构建元素上要求简洁、大雅，崇雅反俗，一方面体现了明代的社会状况与发展程度，另一方面也体现了明代士人的生活品质与精神追求。随后，马修· 波提格（Matthew Potteiger）和杰米·普灵顿（Jamie Purinton）合著《景观叙事：讲故事的设计实践》（*Landscape Narratives: Design Practices for Telling Stories*），探讨了如何在当代充分合理地运用叙事这种园林设计技法。景观和故事是分不开的，景观可以作为场景推动故事的发展，故事也可以赋予景观空间文化和历史意义。

进入21世纪，学者艾莉森·哈迪（Alison Hardie）在《中国明末园林设计及其与美学理论的联系》（*Chinese Garden Design in the Later Ming Dynasty and its Relation to Aesthetic Theory*）一文中研究了明末中国园林设计的美学思想问题。17世纪初期我国园林美学理论发生巨大变化，从而导致江南园林在景观设计艺术上的转变。肯尼斯·J.哈蒙德（Kenneth J.Hammond）在《明江南的城市园林——以王世贞的散文为视角》（*Urban Gardens in the South of the Yangzi River During the Ming Dynasty——From the Perspective of Wang Shizhen' s Prose*）一文中指出，园林修建是文人为防止

其精英身份边界消融而采取的必要手段。他在某种程度上继承了克鲁纳斯的观点，认为明代江南园林都以隐逸为主题，许多士人向往风雅、标榜风骨、恪守“士道”、坚持气节，尤其耻与尘俗俯仰。文人的私家园林既是士人清居的退隐之所，又是角逐声望的展示对象，还是志同道合的士绅们的聚会之处。杰夫·迪克（Jeff Dick）在《本质的融合：经典的苏州中式园林》（*Blending with Nature: Classical Chinese Gardens in the Suzhou Style*）中指出文人园林最早可以追溯到明代，山水、植物、建筑等构建的景观呈现了自然世界的理想状态。通过游览奉为经典的苏州园林，外国学者从文化历史角度领悟到了中国古典园林的底蕴。

二、国内研究状况

大量国内学者对《长物志》造物思想展开了研究。王永厚的《文震亨及其〈长物志〉评介》从介绍文震亨的生平事迹入手，对《长物志》在造园上的论述进行评介。张雪的《〈长物志〉中的艺术设计思想》侧重于分析《长物志》所阐释的审美观念和设计思路，认为崇尚自然、返璞归真的艺术设计思想贯穿始终，通过居室园林的布置体现出古朴典雅的造园风格。刘显波在《〈长物志〉中的明代家具陈设艺术》一文中以明代家具陈设艺术作为研究对象，认为那些质尚明洁、不尚矫饰的家具艺术品，是在传统的纯艺术类型之外的一种更贴近明代生活的审美观察对象，对家具艺术的欣赏，同时也是对特定时空中生活形态的追怀和体验。何刚的《由〈长物志〉谈我国古代建筑设计思想》特别关注到《长物志》卷一《室庐》篇中，文震亨较多地论述了我国古代建筑设计的一些理论原则和审美意趣，这对继承和发扬中国传统建筑文化十分有益。

近几年来，学术界对中国明代园林的关注开始呈现上升趋势，一些学者集中探讨明代园林中所体现出的美学思想。童赛玲的《明末清初江南园林的发展及其美学思想》主要研究明末清初江南园林的发展状况及其美学思想。明清之际江南园林不论在实践上还是在理论上都是我国古代造园史上的集大成之作，它复兴了元代一直衰退的园林艺术，在质与量两方面都达到前所未有的高度。赵熙春的《明代园林研究》指出明代文学、绘画等领域都表现出复古倾向，园林日趋小型化，实现由“壶中天地”向“芥子须弥”的过渡。同时，由于私家造园活动频繁，明代涌现出一批专业造园匠师，并产生了大量造园专著。曹宁和胡海燕的《论明清江南园林之装饰艺术与时代人文思想》将文人热衷园林归因于明清阴郁的政治环境。在文人园林中，不论是独具匠心的空间装饰、独具特色的造型艺术，还是园林建筑设计的点滴细节，甚至是园名都体现着返璞归真的心境。研究和探讨明清园林的装饰手法和人文内涵对于如今建造更高水平的园林大有裨益。夏咸淳的《小中翻奇的空间艺术——明代园林美学片论》认为中国园林是具有鲜明民族特色的空间艺术、造型艺术、构景艺术，其构造特点和艺术风格受到幅员、体量等多种因素的制约。明代后期江南小型化园林空前繁盛，反映出士人崇尚个性、追求自适的文化心理和审美取向。

具有江南水乡特色的文人园林堪称中国古典园林的经典佳作，不仅饱含中国传统文化的深厚底蕴，而且彰显出文朗雅致的风格和天然幽远的意境。一些学者特别对文人园林的意境营造展开研究，诸如戈静和祁嘉华的《文人园林的诗意之美》、张劲农的《文人园林与山水情怀》等，深刻剖析文人园林的文化内涵。私家园林既是表现古代文人生命情韵和审美意趣的生活方式，又作为一种文化模式积淀在后代文人的内心深处。侯涛的《浅论江南文人园林布局与意境营造》试图将江南文人园林置于中国古典园林这个大系统中探究其形成思想、历史地位、社会背景、哲学内涵和文化关联，准确把握文人园林形成的文化诱因，继而从物质层面和空间层面分析其构成要素。从人的行为活动影响空间组织这一潜在规律出发，此文运用中国传统文化理论及其相关领域研究理论，从空间意义层次探讨园林布局方式及其对全园意境营造的影响。通过对文人园林布局的核心要素——理水方式进行划分，分析了集中式与分散式布局方式在空间意境营造上的差异，进一步从平面、立面和空间上分析了不同点景建筑之间的关系。胡晓宇在《中国江南私家园林与英国自然风景式园林风格比较初探》中，通过对中国明清时期江南私家园林和英国18世纪自然风景式园林的造园风格进行初步比较，为新时期的中国园林设计风格提供了一些理论方面的借鉴。中国江南私家园林昌盛于明、清时代，它在立意命题、园林布局、掇山理水、建筑营构、花木配置等方面都形成了自己的特色，曾对皇家园林产生重要影响，体现了中国古典园林的精髓。

无论是空间、造型、构景，中国园林都具有鲜明的民族特色和艺术风格。文人园林，尤其是晚明江南地区文人学士的私家园林在整个园林发展史上堪称一绝，其独特的审美取向对当代园林设计艺术意义非同凡响。然而，目前针对明代江南地区文人园林的研究尚不全面。曹林娣的《明代苏州文人园解读》强调园林是历史的“物化”，也是“人化”的历史，主要对明代园林物质建构中凸显的人格理想等进行文化解读。明代苏州园林的质和量已达到一定高度，文化格调高逸，熔文学、哲学、美学、建筑、雕刻、绘画、书法等艺术于一炉，创造了文人“隐于市”“隐于艺”的生活环境和创作模式，是研究明代文人人格建构和审美雅尚的重要物质实体。龚玲燕的《明代南京私家园林研究》主要是从历史与文化的角度对明代南京私家园林进行研究，论述了在这一特定时期内南京园林的分布及其文化内涵演变的情况。刘新静的《上海地区明代私家园林》通过对上海地区明代私家园林的研究，在展示其风貌的基础上，深入探讨上海地区明代园林与文人士大夫的关系以及当时园林文化的发展演进，以期为今天上海的旅游文化建设提供一种思考和借鉴。侯佳彤的《明清私家园林的人文情怀》通过系统分析明清私家园林的人文要素和文化内涵，体会古人在园林艺术与文化层面上的追求，为当代园林艺术设计提供借鉴，希望新一代设计者在对自然的体悟中感受个体生命的意义。

第四节　研究思路、内容与方法

本书以《长物志》造园思想为理论基础，结合明末江南文人园林的特征，梳理中国古典园林建筑设计中文化传承的脉络，从理论上和实践上对造园思想的继承与创新进行重新阐释，具体研究框架如图1-1所示。

以中国古典园林中具有代表性的晚明江南文人园林为研究对象，本书在广泛搜集整理资料和文献的基础上，结合明清时期著名造园论著——《长物志》，对中国古典文人园林从整体到细部进行分析和解读，归纳总结明代末期江南文人园林的传统美学特征、表现手法和造景技巧，揭示其在布局、选型等方面的独特性，剖析园林建筑背后的深层文化内涵和意蕴。同时，结合当今全球建筑文化的特点，探讨中国现代文人园林的发展方向。

研究的脉络是首先解读明代造园巨著——《长物志》的美学思想，论述中国传统园林建筑设计的技艺特征和文化内涵；其次在分析晚明江南文人园林发展概况的基础上，揭示其时代特征及美学价值；最后纵向梳理晚明至当代的造园思路，探讨造园设计的新趋势。

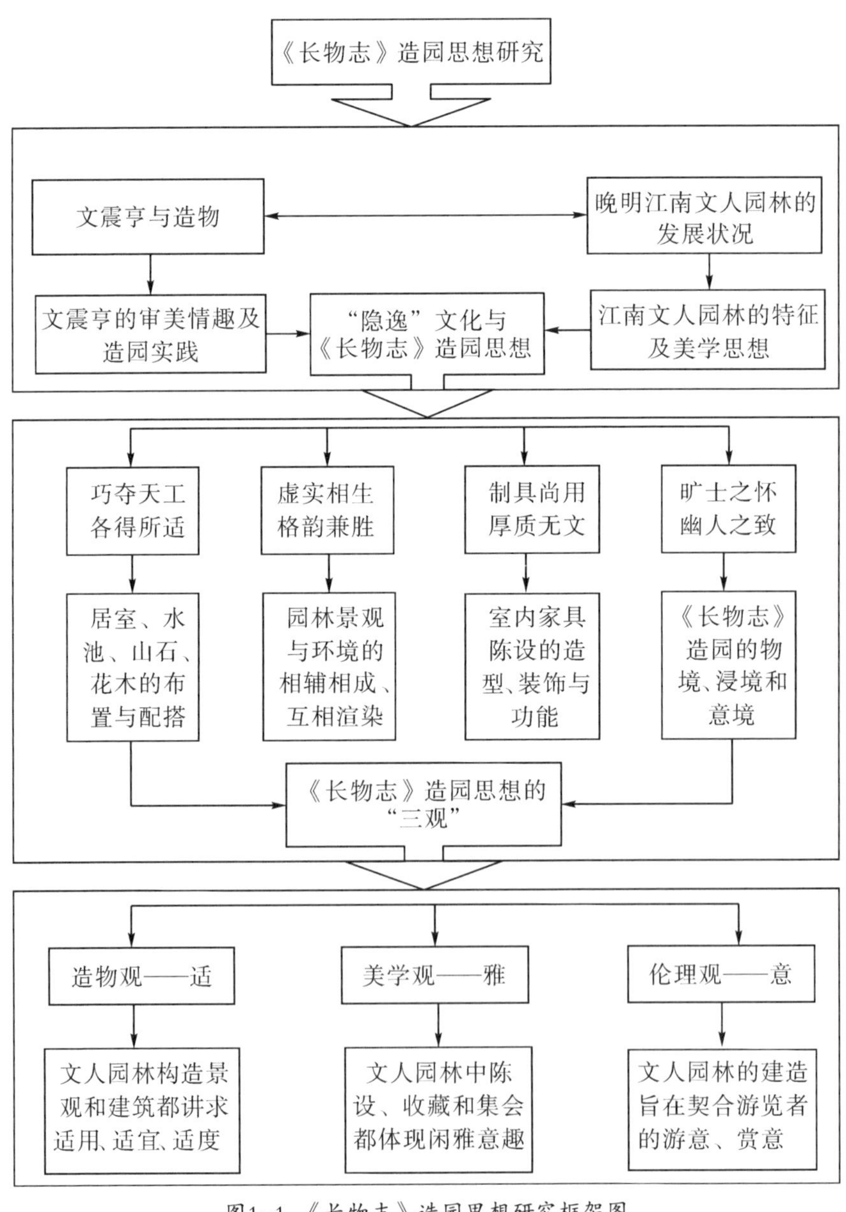

图1-1 《长物志》造园思想研究框架图

主要研究内容如下：

（1）深入研究文震亨及其造园实践，从美学角度挖掘《长物志》中所体现的中国传统园林设计的造园思路，结合时代特征，探索中国古典园林建筑的文化底蕴；

（2）剖析晚明江南文人园林建造的社会背景和总体特征，特别关注“隐逸”文化在中国传统园林设计中的体现；

（3）结合《长物志》所阐述的造物目的、审美关照及人格追求，分析明末江南文人园林景观及室内设计，揭示明代园林的造园技巧和美学内涵；

（4）探讨中国传统造园理论传承与创新的途径，对当代文人园林的发展趋势进行展望。

主要研究方法为：

（1）通过搜集大量古籍资料，解读《长物志》原著，寻求其内在造园思维，提炼晚明时期造园手法；

（2）分析明末清初文人士大夫的生活方式，特别关注“隐逸”文化在中国传统园林设计中的体现，结合现代人的生活及审美方式进行比对，总结明代造园技艺及园林美学理论；

（3）依托《长物志》归纳造物原则，诸如“巧夺天工，各得所适”“门庭雅致，屋舍相宜”“制具尚用，厚质无文”“神形兼备，忠实畅达”；

（4）总结《长物志》的造物观“适”、美学观“雅”和伦理观“意”，结合造物美学思想研究，为当代城市化园林设计提供一种新思路。

第二章 文震亨与造物

第一节 文震亨所处的时代

明朝是我国封建社会后期最后一个由汉族建立的君主制王朝。1368年朱元璋灭元称帝，国号为大明，至1644年灭亡，明朝先后经历十二世、十六位皇帝，共276年。明朝是继周朝、汉朝和唐朝之后的黄金时代。明初太祖至宣宗期间，是国内相对安定繁荣的时期。“洪武之治”使社会经济达到历史最高水平，为明朝社会稳定、文化兴盛奠定良好基础；“永乐盛世”实现政局稳定、经济发展、外交友好、民族统一，大明王朝进入空前的全盛时代；仁宗、宣宗是明朝的鼎盛时期，“仁宣之治”使社会安定、统治巩固。从正统时期开始，明朝逐渐走向衰落，几度出现统治危机。

万历皇帝即位之初，杰出的政治家张居正辅政，采取一系列改革措施以缓和当时的社会矛盾，主要涉及政治、经济、国防、外交等方面。在政治上，鉴于明朝“吏治不清，贪官为害”“吏不恤民，驱民为盗”，张居正十分重视对吏治的整顿。万历元年他提出了“考成法”，要求从中央到地方的各级官吏都要做到“法之必行，言之必效”。在逐级考察的过程中，张居正裁汰冗员、奖励贤能，为推行其他各项改革措施铺平道路。当时贵族、官僚和地主隐瞒其所拥有的土地，使得“小民税存而产去，大户有田而无粮”，“豪民有田不赋，贫民曲输为累，民穷逃亡，故额顿减”，从而导致赋税征收陷入严重混乱和不均的状态。为解决这一问题，张居正提出清丈土地的政策，使土地“皆就疆理，无有隐奸。盖既不减额，亦不益赋，贫民不致独困，豪民不能并兼”。随后，张居正又在全国范围内推行一条鞭法的赋役制度，旨在简化税制，方便征收税款，在一定程度上抑制豪强漏税和官吏贪污；赋役征银，且役银以丁、田为征收对象，有利于减轻贫困户的负担。重视边防的张居正，认为只要“坚定必为之志”，“不出五年，虏可图也”。他任用良将，练军守边，并支持王崇古对蒙古族的通好政策，设茶马市，使汉、蒙人民通商往来，和睦相处。

张居正推行的改革在一定程度上缓和了国内的阶级矛盾和民族矛盾，使当时的社会、经济局势保持相对稳定。粮食作物品种增多，万历年间汪应蛟在天津葛沽、白塘一带“募民垦田五千亩，为水田者十之四，亩收至四、五石”；经济作物也得到广泛种植，万历年间的《仙居县志》记载，“落花生原出福建，近得其种植之”，万历三十七年《钱塘县志》也记录了落花生，这说明除了福建沿海地区，江浙一带也是落花生输入的主要地区。手工业部门日益增多，特别是棉纺织业的生产规模得以扩大，松江府的上海县和浙江的嘉善县纺纱织布都很发达，当时享有“买不尽松江布，收不尽魏塘纱”之美誉；具有悠久历史的丝织业，在明朝中后期发展到了新的高度，江南有许多村镇成为丝织业发达的地方，如嘉兴的王江泾镇“多织绸收丝缟之利，居者可七千余家，不务耕绩”，嘉兴的濮院镇“机杼声札札相闻，日出锦帛千计”，湖州的双林镇“俗皆织绢”；瓷器的品种也极为繁多，在万历时期除了普通用品诸如碗、盘、碟、盒、杯之外，还有炉、瓶、缸、坛、烛台、笔架等各式各样的用品。清人朱琰说：“明瓷至隆万，制作日巧，无物不有。”随着社会生产力的提高，商品经济空前繁荣起来，工商业城镇不断兴起。长江中下游的江南地区是物产最丰富、商业最发达的地方，全国各地的许多货物被聚集于此进行售卖，如连贯苏浙闽广的交通枢纽江西省广信府铅山县就有来自四面八方的各种货物出售，湖州府乌程县乌镇“实为浙西垄断之所，商贾走集于四方，市井数盈于万户”，德清县塘栖镇“在县治东三十五里，与仁和县接境，官道舟车之冲，丝缕粟米皆聚贸于此”。由于商品生产规模的扩大和商业的繁荣，社会生活受到了很大影响。有些地区的居民对市场的依赖性越来越强，在金钱财富的刺激下，奢侈的消费风气越来越浓，“万历之后，迄于天（启）、崇（祯），民贫世富，其奢侈乃日甚一日焉”，这种现象在经济发达的江南地区尤为突出。明朝万历年间，商品生产和交换已相当发达，资本主义萌芽也正是在这一基础上产生的。在沿江沿海地区的纺织、酿造、造纸、陶瓷等一些行业，出现了大规模的手工作坊，雇佣自由出卖劳动力的工人从事生产，产生了新型的剥削关系。由于封建制度的束缚，这种新生事物在当时还只是散见于少数行业、个别地区之中，但它代表着历史发展的新方向，对明朝中后叶的政治和思想文化产生了深刻的影响。

明朝后期，地主阶级的统治日趋反动、没落，封建的生产关系日益腐朽，严重地束缚着生产力的发展。张居正推行的改革并未触及地主阶级的根本利益，封建社会所固有的矛盾依然存在。改革虽然在短期内缓和了社会矛盾，延缓了政治危机的爆发，但终究无法逆转明朝封建统治毁灭的败局。天启年间（1621—1627年），宦官魏忠贤专政，官僚队伍中党派林立，互相倾轧，鱼肉百姓，民不聊生。同时，东北边境的女真族崛起，和中央王朝相抗衡，对明朝造成严重的威胁。为抵御外敌，明朝统治者加派军饷，加之连年灾荒，致使农民赋役负担苛重，广大的贫苦农民再也无法忍受天灾人祸的折磨，终于在天启末年揭竿而起，点燃了反抗斗争的烽火。至1644年，在内忧外患的交相煎逼下，明朝以崇祯帝自缢而宣告彻底灭亡。

第二节　文震亨的生平

文震亨，字启美，江苏苏州人，明末画家，生于明万历十二年（1585年），卒于清顺治二年（1645年），享年61岁。曾祖文征明曾与沈同、唐寅、仇英齐名，世称“明四家”。祖父文彭不仅“书法步武衡山，尤工隶古”，而且“画笔苍郁似梅道人，善画花果”。父亲文元发仕途平顺，官职晋升至卫辉府同知。兄文震孟为天启二年殿试状元，曾任礼部尚书、东阁大学士。具有如此家世背景的文震亨，自幼诗文书画均得家传，再加上他广读博览、聪颖过人，得以“翰墨风流，奔走天下”，然而也因此“少为诸生，乡试屡挫，即弃科举”。文震亨最终以诸生卒业于南京国子监，于天启六年被选为贡生。此后，他便寄居于白下地区（今南京市），到处搜选歌伎且与丝竹相伴，每日游山玩水，好不痛快。崇祯十年选授陇州判，此时其兄文震孟已经去世。文震亨精通书法和琴艺，且名震宫廷。崇祯皇帝制颂琴两千张，命文震亨为它们一一命名。由于他出色地完成了任务，皇帝改授其中书舍人一职，专门负责修缮文书、校正书籍等事宜。此时的文震亨“交游赠处，倾动一时”，达到他人生和事业的顶峰。然而这种春风得意的状态只是昙花一现，之后文震亨的仕途多有起伏。天启年间宦官魏忠贤专政，为排除异己，对反对他的东林党人大发淫威。文震亨因偕杨庭枢等力保当时被阉党追捕的周顺昌不成，乃激民变，被认为事变之首，多亏东阁大学士顾秉谦的门客，从中斡旋才得以解脱干系。他做了三年中书舍人之后又因其友黄道周屡次建言而得罪了崇祯皇帝，被牵连下狱，一两年后才获复职。崇祯十五年（1642年）他奉命到蓟州劳军，其后朝廷准假让他回原籍苏州省亲。1645年5月清兵攻陷南京，6月攻占苏州，文震亨只好躲避到阳澄湖一带。当他听说清军发布剃发令，自投于河。虽被家人救起，但绝食六天后呕血而亡。

第三节　文震亨的审美情趣

文震亨出生于名门世家，聪颖过人，自幼涉足文学、书画、音乐、造园等领域，对书画艺术尤其精通。富庶的生活和深厚的家学，令文震亨逐渐形成宁静典雅、蕴藉风流的审美意趣。明朝末年君主统治摇摇欲坠，为远离京师的权力争斗、尔虞我诈，文震亨选择避世而沉醉于古雅天然的物态环境之中。他崇尚简洁儒雅的艺术格调，主张运用文学手法营造出闲、静、幽、雅、文、逸的意境，以传达一种超凡脱俗的美学格韵。品玩赏鉴、吟诗作画成为他抒发志向和寄托忧思的手段，也成为其恪守文人品格的武器。

文震亨以绘画来言志，一方面从宋元传统山水画中汲取营养，“画山水兼宗宋元诸家，格韵兼胜”，另一方面从文家书画传统艺术风格中继承超然的格调和古朴的韵味。《武夷玉女峰图》是文震亨的代表作之一，该作品完成于崇祯甲戌年（1634年）农历二月初十，现藏于北京故宫博物院，以福建武夷玉女峰为对象，采用高远之法，按照远景、中景、近景三个层次分别进行细致描画。该画继承了吴派画家的绘画语境，以耸立高峻的峭壁或山峰为背景，傍水而建的廊亭或房屋与远处峰脚的流水遥相呼应，勾勒出一个世外仙境，表现出幽静雅致、返璞归真的生活状态和精神境界。除了气势磅礴的大幅山水画以外，文震亨还擅长画扇面和册页类的作品。《唐人诗意图》册页，共十二帧，更加注重画面意境的营造，以精简的笔触传达无穷的韵味，现也藏于北京故宫博物院。这组册页，构图简洁、笔法明快、简中见繁，将所依唐诗题于其上，使得诗书画印相得益彰，具有极强的文人气质，体现出文人士大夫特有的审美追求及文化情怀，反映了文震亨逃离世俗喧嚣、悠游人间的生活态度，是展现其人文精神和审美情趣的传世之作。

文震亨借长物来抒情，一方面由于他身逢动荡年代，持消极应世的心态；另一方面在于言明所写之物都是“寒不可衣，饥不可食”之物，是文人鉴赏把玩之物。“长物”一词，指多余之物，含有身外余物之意。《长物志》中所描述的物分属工艺、美术、建筑、园艺诸多学科，却并非日常生活所必需之物，诸如器物不是生产劳动所用的工具，食物也不是果腹充饥所需的粮食，所以将其称为“长（zhàng）物”，即多余之物，或者说奢侈之物。但是，就文震亨而言，书中所指的“长物”绝非多余之物，而是文人士大夫生活中的必需品。因为这些物品映射了文人的品格意志，更是文人寄予人生理想的载体。看似无用的东西，构建了身处乱世的文人慰藉心灵的精神家园。依托“长物”打造文人清居生活的物态环境，重塑文人独特的品格和韵味是文震亨毕生的追求。 借品鉴“长物”而标举人格，文震亨倡导的是一种崇尚清雅、遵法自然的处世之道。

第四节 文震亨的著作及造园实践

文震亨一生著作颇丰，除《长物志》外，还有《金门集》《一叶集》《载蛰》《清瑶外传》《武夷外语》《文生小草》《岱宗拾遗》《新集》《琴谱》等。《长物志》在造物工艺和园林建筑方面的研究可谓达到了炉火纯青的地步。

《长物志》是明代工艺美术思想的集中体现，它强调实用是工艺造物的首要任务，如制作榻时明确规定“坐高一尺二寸，屏高一尺三寸，长七尺有奇，横一尺五寸”更适于坐，将家具的尺寸更加细化。工艺造物还应与不同地理环境相适应，“繁简不同，寒暑各异，高堂广榭，曲房奥室，各有所宜”。精简而别出心裁是《长物志》中所传达的审美取向，如“有古断纹者，有无螺钿者，其制自然古雅……有大理石镶者，有退光朱黑漆、中刻竹树、以粉填者，有新螺钿者，非大雅器”，这里详细描述制作榻时所选的材质和创意设计；又如“禅椅以天台藤为之，或得古树根，如虬龙诘曲臃肿，槎枒四出……可见其用成何等自由、豪放”，可见明代家具的制作采用流畅舒展的手法，大方而又不失雅趣。厚质无文的美学思想体现了文人独立的人格和精神追求，如镜“秦陀黑漆古光背质厚无文者为上，水银古花背者次之”，此处的“质”为材料的本质，注重造物的实用性，是衡量工艺设计价值的根本标准；“文”则是相对于质的装饰，“无文”反映出一种追求简洁雅致的审美取向，以及优游山林的恬淡心态。正如《长物志序》中沈春泽所言“贵其爽而清，古而洁也”，体现了明代文人雅士追求古朴、闲雅的生活情怀和行为典范，与实用、简约、精致、典雅的造物风格相得益彰。

论及造园实践的历史，可以追溯到文震亨的曾祖父一辈。文氏家族几代人都钟情于园林，曾祖文征明扩建停云馆，“前一壁山，大梧一枝，后竹百余竿。悟言室在馆之中。中有玉兰堂、玉磬山房，歌斯楼”；父文元发营造衡山草堂、兰雪斋、云敬阁、桐花院多处宅院；兄文震孟在阊门内文衙弄原袁祖庚“醉颖堂”的基础上大规模修建“药圃”，其中“青瑶屿”最负盛名，曾被誉为“林木交映，为西城最胜”。此园留存至今，是明代小型园林的典型代表之一。文震亨生于造园世家，这对他造园思想的形成是有深刻影响的。他平日里游园、咏园、画园，并参与众多园林的建造。明朝末期社会动荡，文震亨为逃避现实，愈加纵情山水，热衷于造园艺术，在造园实践方面留下了许多不朽佳作。在冯氏废园的基础上，他构筑香草堂（位于苏州市高师巷），其中建有婵娟堂、绣佚堂、笼鹅阁、斜月廊、游月楼、玉局斋、鹤栖、鹿砦、鱼床、燕幕、啸台、曲沼、方池等景观。顾苓在《塔影园集》中盛赞香草堂“水草清华，房拢窈窕，阛阓中称名胜地”。此外，文震亨在西郊建碧浪园，在南京置水嬉堂，还“于东郊水边林下，经营竹篱茅舍”。可以说，文家祖孙几代人造园、画园、设计园林、吟咏园林、研究园林，为明清两朝苏州园林的发展做出了杰出的贡献。留存至今的园林遗址，对中国乃至世界而言更是弥足珍贵的园林文物。

综上所述，《长物志》中不仅有对造物技艺及美学思想的理论探讨，而且有文震亨本人造园实践的经验总结，该书在造园思想上的论述对于明代后期乃至现代园林艺术设计都具有极高的借鉴价值。

本章小结

本章深入分析文震亨所处历史时期的政治、经济特征，结合生平，从吟诗作画、品鉴赏玩的角度揭示其审美情趣。书画、长物是文震亨传达文人情怀、恪守文人品格的重要载体。通过研究文震亨的主要著作——《长物志》及其造园实践，本章总结了其造物工艺美术思想，为现代园林设计奠定基础。

第三章
晚明江南文人园林的发展概况

第一节　江南文人园林体系的相关背景

江南因气候温和、山川秀丽、林木苍郁等得天独厚的自然条件而很早就成为我国园林的发祥地之一。最早见于文献记载的江南私家园林是东晋吴郡的顾辟疆园，稍后有会稽（今浙江绍兴）的谢灵运别业、王羲之的兰亭，建康（今江苏南京）的茹法亮园，广陵（今江苏扬州）徐湛之的陂绛等，江南园林因此而初具规模。元代对江南实行严酷统治，十儒九乞，江南园林因之败落。明初的礼法进一步压制了园林的发展，当时政府规定“不许于宅前后左右多占地，构亭馆，弄池塘，以资游眺”。江南园林几至凋敝不存。明中叶这一禁令渐渐废黜，江南园林开始恢复。明朝末年江南园林得到前所未有的发展，除江南具有营造园林得天独厚的自然条件外，还与当时社会的政治、经济、思想、文化等多元因素有着密切联系。

一、动荡不安的政治环境

明末清初是政治风云迭起的时期，统治阶级内部党派之争达到白热化的程度，宦官专权的现象空前严重。万历年间，东林党人目睹政治腐败，要求改革弊政以缓和日益尖锐的阶级矛盾，赢得了社会广泛的支持。然而，东林党人的政治见解不能为昏聩的皇帝所采纳，反而招致宦官勾结反对派对他们进行残酷无情的迫害。由于封建阶级剥削和政治压迫，在全国范围内掀起了波澜壮阔的群众性斗争风暴。就在明王朝国势衰落之际，满洲女真族崛起，其军事力量逐渐加强，乘虚而入推翻明朝，最终建立了清朝。

明朝末年，面对内忧外患的窘迫困境，不少文人选择逃离现实，退处林野，如计成曾说："历尽风尘，业游已倦，少有林下风趣，逃名丘壑，久资林园，似与世故觉远，惟闻时事纷纷，隐心皆然，愧无买山力，甘为桃源溪口人也。"然而已在尘俗中度过半生的文人们，若把自己完全隔离于山川林壑之中，实在有悖于悠游赏玩的生活态度，而兴建园林正好缓和了这一矛盾，"故以一卷代山，一勺代水"，满足自己的"所谓无聊之极思"。这些私家园林能够让人们暂时抛开对现实的不满，园主在这块私人领地中，可以尽情吟诗饮酒、把弄古玩，从而寻求自己独立的思想和人格价值，以实现儒家"穷则独善其身"的圣训。

二、繁荣兴旺的商业经济

明中叶以后，资本主义萌芽在江南地区日益发展，许多民众被卷入商业潮流之中。时人林希元曾说："今天下之民，从事于商贾技艺、游手游食者十而五六。"万历《歙县志》亦称"人人皆欲有生，人人不可无贾矣"。当时江南各地的商业中心地位日益凸显，如苏州"每漏下十余刻，犹有市"；上海也日趋发达，当地人陆楫记载"（上海）谚号为小苏州，游贾之仰给于邑中者，无虑数十万人"；嘉兴府崇德县石门镇"商贾辐辏，浮于邑"；桐乡县皂林镇"居民夹运河，成一雄市"，"明（天）启、（崇）祯间尤为富庶，薄暮四方舟楫云集，张灯夜市，成河路之要津"。

明代自万历朝之后，奢侈浮华的社会风气日盛一日，松江在"嘉靖时四门绝无游船，自隆庆初年，仅数航入郡，而松人用以设酒者无虚日，自是游船渐增”，“夏秋间泛集龙潭，颇与（苏州）虎丘河争盛”。商业兴盛造就了一批腰缠万贯的富商，他们把所积累的财富除用以购田置地之外，还用于购置豪侈之物。“细木家伙，如书桌、禅椅之类”，原来“曾不一见”，“隆（庆）万（历）以来，虽奴隶快甲之家，皆用细器，而徽之小木匠争列肆于郡治中，即嫁妆、杂器俱属之矣。纨绔豪奢，又以榉木不足贵，凡床厨几桌，皆用花梨、瘿木、乌木、相思木与黄杨木，极其贵巧，动费万钱”。富商大贾和豪门巨族开始将建筑园林作为其奢侈浮华生活的一大主题。园主不惜掷重金建造园林，以寄情闲游、附庸风雅、结交文人，从而提高自己在社会中的地位及声望。当时地主巨商竞相建园，曾有记载，如“（隆万以前）人家房舍，富者不过工字八间，或窖圈四周，十室而已。今重堂窈寝，回廊层台，园亭池塘，金辉碧相不可名状矣”。

三、影响深远的哲学思想

明朝中后期，封建统治出现了严重的政治危机，阶级矛盾不断激化，在思想上，旧有的理学教条已不可能解决现实存在的问题。为维护封建统治，统治阶级内部的一些人开始另辟蹊径，寻求新的麻痹人民的理论工具。

王阳明（1472—1529年），名守仁，字伯安，浙江余姚人。他亲历官场的黑暗混乱，痛恨统治阶级的道德沦丧，于是在批评朱熹客观唯心论的基础上，结合其一生的政治实践经验，建立起一套完整的主观唯心主义理论体系。“心学”是王阳明哲学思想的核心内容，他认为人的心是宇宙的本体，是天地万物的主宰，心之外的一切都不复存在。为了阐明这一观点，王阳明竭力夸大人类思维的能动作用，把客观事物的存在归因于人的感觉、意识。与这种主观唯心论相联系，王阳明又提倡“致良知”，认为人们的各种道德知识、判断是非善恶的能力都是天赋异禀。换言之，“心”是知识、才能和伦理道德的本源。他还强调“致知必在于格物”，即去除心中的私欲杂念，发扬善心，使“良知”不受“昏蔽”。王阳明的“心学”旨在摒除人们心中不符合封建道德观念的“物欲”，维护封建统治秩序。“心外无理，心外无事”蔚然形成一代学术思潮。面对政治腐败、封建统治岌岌可危的局势，士人们深感无能为力，只好抛弃对身外之物的追求，隐逸遁世以求得心灵的解脱和慰藉，在园林的寄寓上也深深地流露着一种“心学”精神，表现出身处园林而“心外无物”的一面。

此外，在江南地区“禅学”愈盛。这一时期出现了好几个大师，最引人注目的四位高僧是莲池祩宏（1535—1615年）、紫柏真可（1543—1603年）、憨山德清（1546—1623年）和蕅益智旭（1599—1655年）。憨山德清注解《道德经》，阐明《庄子》意趣，对儒家的《春秋》《大学》都有解说。蕅益智旭的《四书蕅益解》《周易禅解》更是三教融通的著作。他们的思想主张和传教实践推动了禅学在晚明的风行。这些高僧的社交面十分广阔，与士大夫中的文化名流交往甚密，观点多有契合。因此，“禅学”思想大有倾向学术和艺术之势。在儒、释、道三教合一成为主流的时代背景下，晚明文人学士融汇三教、援禅入儒已成为当时的风气。大量的山人、名士、隐士随之而生，“有明中叶以后，山人墨客标榜成风，稍能书画诗文者，下则厕食客之班，上则饰隐君之号，借士大夫以为利，士大夫亦借以为名”。面对黑暗的政治环境，士人们与其碌碌与世沉浮，不如隐遁逃世。在晚明江南地区盛行一时的私家园林，实际上就是士人参禅避世、独善其身的世外桃源。在文人园林的建筑景观设计中可以看到禅学清静无为的心念对晚明士人的影响，士大夫通过品鉴赏玩来传达参悟禅学的心灵体验。对于晚明士人而言，参禅并不仅仅是一种虔诚膜拜，更多的是将其作为一种排解情绪、抒发情怀的生活方式。

四、蓬勃发展的绘画艺术

明末清初，随着经济结构变化和思想文化发展，出现了宫廷、文人、民间三大社会层面的创作力量，致使画坛上呈现出多种多样的艺术倾向和审美追求。

宫廷画派风格险劲，与文人性格极不相合，与清淡、荒寒的文人情趣也相去甚远。一些饱学之士乐于在吴中一带从事创作活动，因而涌现出一批富有文人格调的精美之作，为明代画坛注入一股新鲜血液。明代书画家董其昌在总结文人画的发展历程时说："文人之画自王右丞始，其后董源、巨然、李成、范宽为嫡子，李龙眠、王晋卿、米南宫及虎儿皆从董、巨得来，直至元四大家黄子久、王叔明、倪元镇、吴仲圭皆其正传，吾朝文、沈，则又遥接衣钵。若马、夏及李唐、刘松年，又是大李将军之派，非吾曹易学也。"这些明代士大夫画家继承宋元两代文人画派的传统格韵，都讲求"清高"，以儒学为宗，"清静""无为"的哲学观念融入他们的美学思想。晚明时期，董其昌的画作"山水树石，烟云流润，神气俱足，而出于儒雅之笔，风流蕴藉，为本朝第一"，足见其对明末清初的画坛影响之大。除了注重传统绘画技法，董其昌更讲究笔致墨韵，墨色层次分明，追求平淡天真的格调和清隽雅逸的韵味，开拓出文人山水画的新境界。他借"南北宗论"抬高文人画的地位，压制同时期的"浙派"等派系。至此，文人画在实践和理论上均已发展成熟，上升为画坛的主导力量，直接影响到中国传统绘画的基本格局和审美取向，形成独具民族特色的绘画体系。

在文人园林的设计和建造中，亦以画论为根本，造园家往往也是画家。明清文献对主要的造园家如张南阳、张南垣、叶洮、张然、石涛、董道士、戈裕良等人的评价大体类似，都称其“造园由绘事而来”。叶洮、石涛自不必说，他们原本就是大画家，这在《国朝画识》《国朝画征录》以及《清史稿》等文献中都有明确记载。文人画的空前兴盛，对文人造园风格的形成和统一起到积极的引导作用。

第二节　江南文人园林体系的总体特征

一、以文人士流为造园主体

文人士流即传统社会的知识分子阶层，他们无疑是传统文化最坚定的卫道士。由于艺术造诣和造园技艺的高度相关性，传统文人画家开始与专业工匠合作，共同参与园林的规划与设计。《园冶》中所言的“主人”，正是既精通造园技艺又擅长绘画的通才，意在强调文人士流对园林营造的重要作用。文人所特有的超然品格和闲雅神韵，使中国传统私家园林不再是对帝王苑囿的秉承和效仿，而主张在园林设计中呈现更为灵动丰富的特色。

明代初期，江南地区便出现了一批为他人建造园林的职业匠师，多为文人士流之辈。明嘉靖年间上海有著名造园叠山匠师张南垣，号卧石山人，原为画家，“好写人像，兼通山水”。后来他专门为人造园叠山，曾获“叠石最工”之美誉。张南垣的代表作有上海潘允端豫园、太仓王世贞弇山园。他彻底改变过去那种矫揉造作的创作风格，将山水画意应用于造园叠山，“穿深复冈，因形布置，土石相间，彼得真趣”，对后世造园艺术产生了深远的影响，康熙初年张英作《吴门竹枝词》有“一自南垣工累石，假山雪洞更谁看”。张南垣所造园林数量之多，在当时是数一数二的，其中最著名的有松江李逢申横云山庄、嘉兴吴昌时竹亭湖墅、朱茂时鹤洲草堂、太仓王时敏乐郊园、南园和西田、吴伟业梅村、钱增天藻园、常熟钱谦益拂水山庄、吴县席本桢东园、嘉定赵洪范南园、金坛虞大复豫园等。同时期，还有另外一位与张南垣齐名的著名造园匠师——计成。计成属于写实派，承袭五代杰出画家荆浩和关仝的画法，所造假山也以崇尚自然而闻名遐迩。明朝天启三至四年间（1623年、1624年），计成应常州吴玄的聘请，营建他的成名之作——东第园，其他代表作还有崇祯五年（1632年）在仪征县为汪士衡修建的寤园，在南京为阮大铖修建的石巢园，在扬州为郑元勋改建的影园等。1634年，计成著《园冶》，该书可谓中国乃至世界造园学的经典著作之一，对后世园林设计影响颇为深远。

二、以诗情画意为审美追求

在文人士流的规划与设计下，文人园林被赋予诗中画意和画中诗情的艺术特色，最终营造一种“诗情画意”的美学意境。意境是中国古典美学的重要范畴。艺术家通过特殊的艺术构思和形象塑造，将其精神感受充分表现出来，在画面上产生一种共鸣。换言之，意境就是主观情感与客观物境相互交融而形成的艺术境界。自古以来，中国诗画艺术都十分强调意境，追求表现言外之意、象外之象，文人园林尤其注重将造园的适用性与诗画的写意性结合起来。

文人园林中的景题、匾额、楹联、刻石等，犹如绘画中的题跋，无不散发着文人墨客浓郁的文学气息，它们是文人传达“诗情”的特殊方式，也是文人参与园林创作、营造园林意境的主要手段。明末清初是江南文人造园的兴盛时期，苏州园林作为诗画的艺术载体，体现了文人们所追求的道德境界和审美理想。穿行于苏州园林之中，映入眼帘的匾额题刻，与周围的景物相辉映，更显典雅含蓄、立意深邃、情趣高洁。通过大量题刻、匾额、对联，文人在私家园林言物咏志，述情抒怀，记事励德。这些文字，有的是文人即兴创作的佳词妙句，有的是源自古代诗词的名篇箴言，既显示了文人墨客的品格才情，又增添了园林景观的诗意之美。如拙政园芙蓉榭对联“绿香红舞贴水芙蕖增美景　月缕云裁名园阑榭见新姿”，上联通过刻画荷花婀娜曼妙的体态展现园林绝美的风景，下联旨在歌咏园丁们的辛勤劳作，使得园林面貌常新。又如留园揖峰轩石林小屋对联“曲径每过三益友　小庭长对四时花”，这是一组叙事抒情联，“三益友”源自《论语》“益者三友……友直，友谅，友多闻，益矣”；下联犹言鲜花四季不凋零，通过观赏庭院里的这些花以陶冶情操、修身养性。该联措辞平易，风格淡雅，将人生哲理融入景物之中，韵味深长。文人们正是以诗兴情，遵循“境若与诗文相融洽”的原则，设计出富有江南特色、充满诗情画意的苏州园林。

文人参与建造的园林，多以山水为蓝本、诗词为主题，借助林石、花竹、禽鱼等景象抒情言志，寓情于景，寓意于形。如拙政园内大部分景观、建筑都围绕着水的主题，因水成园，突出江南水乡的特色。园中主景——“荷风四面亭”，四面环水，池内荷花“出淤泥而不染，濯清涟而不妖”，以情立意，以情传神，充分表达园主清新脱俗的思想境界。又如“海棠春坞”，竹子、书带草、太湖石依着南墙白壁俨然一幅山水小品的佳作。日光（或月光），照射下来，墙移花影，树荫匝地，产生静穆幽远的审美意境。拙政园另一大特色是借景，采用借景的手法，将园林之外的景色纳入园里，正如计成在《园冶》一书中所言“园林巧于因借”“构园无格，借景在因”。游览者移步换景，苏州的北寺塔与拙政园便构成一幅完美的立体画，堪称人间一绝。还有一处令人称道的别致景观是西部的波形水廊，它造型曲折有致，起伏自然，以一种别致的韵律连接南北两岸的景点，构成了一道十分独特的风景线。不管是借入远景还是园林造景，作者都以山水诗画的幽雅蕴藉来取舍。东部疏朗旷逸，追求田园之味，中部楼台错落，一派典雅之姿，西部曲径回环，极有隐逸之趣，无不体现了文人园林的意境追求。著名教育家、作家叶圣陶曾这样盛赞苏州园林：“设计者和匠师们一致追求的是：务求使游览者无论站在哪个点上，眼前总是一幅完美的图画，为了达到这个目的，他们讲究亭台轩榭的布局，讲究假山池沼的配合，讲究花草树木的映衬，讲究近景远景的层次。总之，一切都要为构成完美的图画而存在，决不容许有欠美、伤美的败笔。”

第三节　晚明江南文人园林的美学思想

明代末期，文人园林在经济、文化发达的江南地区继续发展，呈现极盛局面。主流思想必然在一定程度上影响到民间造园活动，这一时期的文人园林更多地体现出文人雅逸恬淡的生活态度，以及以隐逸遁世、返璞归真为人生目标，同时，那些儒商合一的富商巨贾纷纷效仿文人建造私园，不可避免地使文人园林沾染上一些“市井俗气”，这也成为晚明文人园林的一大特色。

一、崇尚“宛自天开”之趣

园林设计是一门通过艺术构思对自然山水进行浓缩凝练的艺术，最终目的是在咫尺之地再现清幽秀丽的自然山水之美，这就是“有真为假，做假成真”的园林美学思想。这种“真”境界的实现，必须依赖于园艺家对自然山水规律的充分把握与巧妙运用。明代后期，造园匠师们遵循“师法自然”的原则，追求“虽由人作，宛自天开”的意境，从而使园林表现出自然质朴、不雕不凿的美感。

晚明江南两位杰出的造园匠师——张南垣、计成谱写了文人园林的新篇章。这一时期，造园理念和构建技法都发生了很大变化，造园匠师们不再关注奇峰怪石，转而注重整体形态，追求营造诗画意境。张南垣最为出名的叠山技法，是以土山为主，“错之以石”，“强调截溪断谷，再现大自然中人们经常可以接触到的山根山脚”。计成撰写造园专著《园冶》，在《掇山》一章中深入剖析叠山的画意宗旨和方法要领，并在常州吴玄所建的“东第园”内，“掇石而高”“搜土而下”，将其叠山理论运用到实践中去。这种模仿文人画风的叠山风格和理水方式，深受董其昌、陈继儒为首的明末大批名士的赞许和推崇，新的造园思想和鉴赏风潮广为流传。园林中方池趋向减少，而自由式“曲”的形态被逐渐推广并得到更自然化的处理，成为当时乃至当今园林理水的主流方式。抨击华丽风格的文人们，在园林中钟情于营造朴素的建筑形态，如明代文士邹迪光在《愚公谷乘》中说“岭北有楼，凡三楹，覆以茅茨”，即楼顶要以茅草饰之，又如祁彪佳的《寓山注》中也强调建筑材料要用未加工的初始形态，即“斫松茸茅，不加雕垩”。植物往往成为与山、石、水相呼应的配景，如计成在《园冶》中所述“予观其基形最高，而穷其源最深，乔木参天，虬枝拂地……合乔木参差山腰，蟠根嵌石，宛若画意”，充分利用“乔木参天”的植物条件，营造荫蔽幽深的园林境界，同假山叠石一起创造“宛若画意”的艺术效果。可见，山水营造、花木配置和景观构筑都是江南文人园林中对自然景物一种具有文心匠意的演绎，集中体现文人士流对自然的依恋之情。

二、鉴赏“拳石勺水”之境

因空间范围狭小，江南园林内呈现的有限元素都是经过造园主独具匠心的概括和凝练而成，极具典型性，富有寓意。“石令人古，水令人远，园林水石，最不可无，要须回环峭拔，安插得宜，一峰则太华千寻，一勺则江湖万里。又须修竹老木，怪藤丑树，交覆角立，苍崖碧涧，奔泉迅流，如入深岩绝壑之中，乃为名区胜地”，可谓拳石勺水，移天缩地。花木、水池、曲径、湖石皆成小景，都是造园大师们抒发情感、寄托忧思，进行思想交流的一种手段。园林建筑通过这些典型形象，唤起人们的联想，使人恍若置身于真山水中，这是园林建筑以有限寓无限的基本特征。

晚明时期，江南地区地狭人稠，私家园林日益兴盛。在这区区空间内再现丰富内容，成了当时园林艺术家们亟待解决的要务。造园主巧妙地营建廊、亭、轩、榭等小型建筑，用以分隔空间和借景，从而缓和了空间狭小的矛盾。运用分隔空间的手法，在园林内设置不同的景点，增加景物的层次，使游览者在游赏之时所获得的景观随着空间不断变化而大为增加。借景在当时被视为“林园之最要者”。明末著名造园家计成所著《园冶》一书中提出“兴造论”，强调“园林巧于因借，精在体宜”，“泉流石注，互相借资”，“俗则屏之，嘉则收之”，“借者园虽别内外，得景则无拘远近”等基本原则。对此，造园匠师们利用窗户的独特造型来达到借景的目的，如制造便面窗、尺幅窗、梅窗，“纳千顷之汪洋，收四时之烂漫”，不仅把园外有形之美景尽收眼底，而且把风声、雨声、鸟语、花香等无形之景尽纳园中，从而引起无穷的联想和隽永的回味。为了丰富园林景观，一些造园主还尽可能采用多种艺术手段，如在甬道铺设花纹、在建筑上增饰纹样等，通过一些细节变化来捕捉自然山水之美。经过造园家独特构思之后，有限的空间已不仅仅是一幅平淡的自然山水图，而是一个柳暗花明、含蓄深邃的广阔天地。园林这种“以芥子纳须弥”的特性，与中国山水画的“尺幅之内，孕千里之势”有着异曲同工之妙，而其立体感是其他造型艺术所无法比拟的。

三、追求雅致个性之美

江南园林艺术设计凸显“法天贵真，不拘于俗”的美学理念，与老庄哲学、隐逸思想素有渊源。晚明江南造园家对园林建筑构建元素简洁大雅的要求，明显地反映了这种倾向。明代著名园艺家计成崇尚古朴素雅的艺术风格，反对冗杂烦琐的雕镂，他在《园冶》一书中指出“升拱不让雕鸾，门枕胡为镂鼓。时遵雅朴，古摘端方。画彩虽佳，木色加之青绿；雕镂易俗，花空嵌以仙禽”，“历来墙垣，凭匠作雕琢花鸟仙兽，以为巧制……市俗村愚之所为也，高明而慎之”。随后，文震亨在其《长物志》中也深入阐述这种崇雅反俗的思想。他以为，一个脱俗的文人，着衣要“娴雅”，“居城市有儒者之风，入山林有隐逸气象”，不必“染五采，饰文绩”，“侈靡斗丽”，“随方制象，各有所宜，宁古无时，宁朴无巧，宁俭无俗，至于萧疏雅洁，又本性生，非强作解事者所得轻议矣”。

明末清初，“泛文人化”的造园活动兴起，墨守成规、蹈袭案臼的现象日趋严重，“乃至兴造一事，则必肖人之堂以为堂，窥人之户以立户，稍有不合，不以为得，反以为耻”，特别是一些通侯贵戚“掷盈千累万之资以治园圃，必先谕大匠曰：亭则法某人之制，榭则遵谁氏之规，勿使稍异”，以效仿名园为豪。针对这一现象，造园家开始着眼于求新求异，园林应具有自己独特的美感，才能令游览者产生共鸣，从而流连忘返，如计成提出“独抒性灵”，李渔强调“自出手眼”“标新创异”。崇尚独创，逐渐成为园林艺术不断推陈出新的重要动力。特别值得一提的是，李渔所建伊园，仅为“山麓新开一草堂，容身小屋及肩墙”，远远不及其他园林浩大幽深，但这充满个性的“小屋”别有一番洞天，其中“窗临水曲琴书润，人读花间字句香”，处处洋溢着清新脱俗的气息。

第四节 “隐逸”文化与《长物志》造园思想

隐逸，是中国一种古老的文化现象，也是中国士人文化体系的重要特色，以老庄道家思想为基础，是古代士人保持人格独立的一种处世哲学。商周之际伯夷、叔齐的隐逸行为得到先秦儒家创始人孔子的肯定，开中国隐逸文化之先河。孔子说“邦有道则仕，邦无道则隐”，之后，孟子也曾说“穷则独善其身，达则兼济天下”。为了寻求一种自由超脱的性灵空间，文人士流选择归隐林下以捍卫其清逸脱俗的品格志趣，构建园林以抒发其淡泊名利的人文情怀。

一、造型之“简”

“崇雅反俗”的美学思想贯穿于整个《长物志》之中，文震亨要求园林构建元素无论在造型还是纹样上都要做到少而简、俭而雅，坚决反对过分雕镂的装饰设计。他认为“古人制几榻，虽长短广狭不齐，置之斋室，必古雅可爱”，而“今人制作，徒取雕绘文饰，以悦俗眼，而古制荡然，令人慨叹实深”；镜则需以“光背质厚无文者为上”，质，为质朴、木质之意，文是相对于质的饰。追求无文之厚质，体现为实用，是衡量设计价值的根本标准。从精神层面而言，无文体现出一种追求简雅萧疏的审美向度，以及归隐山林的恬淡心态。运用这一造物法则构造其境，与士人心性相适，达到役物而不役于物的境界，正所谓“明窗净几，以绝无一物为佳者”。诚如《长物志序》中沈春泽所言“贵其爽而倩，古而洁也”。这种对“古朴”“古雅”“古制”的追求与明代士人典雅的风范相得益彰，与中国文士散朗虚旷的人格形成一种内在的同构性。宗白华先生总结了中国美学史上两种不同的审美理想：“错彩镂金，雕绘满眼”之美与“初发芙蓉，自然可爱”之美。显然后者与《长物志》中所传达的简约雅致的审美取向是一致的，这种造园艺术在一定程度上通过曲折隐晦的方式折射出人们渴望摆脱封建礼教束缚、返璞归真的意愿。

二、景观之“意”

明末著名的造园家文震亨精于营构，在对园林的理解上充满了丰富的情感体验和人文意趣。他擅长舞文弄墨，精通琴棋书画，具有较高的文化素养，于是将自己内心的隐逸理想外化到一方小小的园林空间中，尤其讲究营造居室园林的诗情画意。如《长物志》卷九写小船“系于柳荫曲岸，执竿把钓，弄月吟风”，此时，一船一竿一草一木不再是孤立的存在，也不再是纯客观的“物”。物物融于造化，物物“皆著我之色彩”，才是造园的最高境界。陈从周在《园林谈丛》中说：“园之佳者如诗之绝句，词之小令，皆以少胜多，有不尽之意，寥寥几句，弦外之音犹绕梁间。”于是，建筑空间成为设计者与欣赏者心灵沟通的桥梁，他们共同在景物中寻求象外之意趣、神韵，使物境与心境融为一体。他们充分发挥主观能动作用，在具体景物的设置中，尽可能多地营造一种心理氛围或情韵氛围，从有限的物态景观中感悟到生命的真谛。园中的一木一石、一山一水组合出别样的景致，停留期间，人能深切地体会到园主的隐世情怀。这些文人雅士，在这样的美学意境中享受着一种清雅的文化生活，可以赏花游水、植树种竹、弹琴吟诗，通过这样的体验重新找回失去的自我。

三、空间之“宜”

《长物志》卷十《位置》篇道：“位置之法，繁简不同，寒暑各异，高堂广榭，曲房奥室，各有所宜，即如图书鼎彝之属，亦须安设得所，方如图画。”陈设根据环境和季节的变化而变化，关键在一个“宜”字——与环境协调，才能得其归所，形成图画般的整体美和错综美。例如，小室乃园主自省、修行之地，其设计理念以简洁大雅为宗；山斋是寄情休闲之处，其设计风格要与主人的情趣相宜；堂是会见宾客之所，要满足其社交伦理和礼仪文化的需求；亭台楼榭的造型则应古朴雅致，与周围自然风光浑然一体。山斋、亭榭重在随地之宜，小室与堂则重在功能之宜。不片面追求高大奢华，而重在适宜——“尚用”之宜。《位置》篇中所描述的家具、器物陈设方式体现了文人士大夫的生活经验，将实用性与艺术性统一起来。书斋中的坐几，即书桌，“设于室中左偏东向，不可迫近窗槛，以逼风日”。放置于左偏东向，主人在相对静谧的一侧读书写作，既便于采光，又可避免处于正中而陷入对称格局。不迫近窗槛以免受烈日风邪侵扰，更利于保持身体的健康，这正好印证了士人超然淡泊的人生追求。

在造园空间构想上文震亨还追求“互动”“互借”，广泛采用“先藏后露，欲扬先抑”的艺术手法。园内用建筑、花木、围墙、假山来阻隔视线，同时又用曲廊、曲桥、曲径、漏窗，使人在某个位置总是只能看见一小部分景致，须经几番琢磨，才能体会其中奥妙。这些表现手法大大提高了中国古典文人园林的艺术感染力。

本章小结

明末时期江南园林得到前所未有的发展，除江南具有营造园林得天独厚的自然条件外，还与当时社会的政治、经济、文化、思想等多元因素有着密切联系。本章结合社会背景概括了晚明江南文人园林体系的总体特征，旨在揭示文人园林所蕴含的美学思想，特别关注“隐逸”文化在中国传统园林设计中的体现。

第四章
“巧夺天工，各得所适”

第一节　居室之适宜

为了适应主人游憩、赏玩、品鉴等多方面的需要，中国古典文人园林里面的建筑种类繁多，类型也相对较复杂。殿、堂、厅、馆、轩、榭、亭、台，不论其性质、功能如何，都必须根据人对自然景观（包括建筑在内）的观察研究来确定，最大限度地利用地形及环境的有利条件。文震亨在《长物志》卷一《室庐》篇中曾提及：“随方制象，各有所宜，宁古无时，宁朴无巧，宁俭无俗；至于萧疏雅洁，又本性生，非强作解事者所得轻议矣。”其中“随方制象，各有所宜”是指要根据建筑的不同类别、功能等来确定营造方式，各有其适宜的做法。据此，文震亨提出园林建筑设计的一项基本原则，即不要拘泥于形式，应依据具体环境的特点灵活创造有特色的建筑样式，将自然景致与人工雕琢相结合，从而突显中式园林的独特魅力。园林居室建筑设计要符合自然条件和生活要求，务求“得体合宜”，使自然美与建筑美融合起来，达到一种自然与人工高度协调的境界——天人和谐的境界。

一、功能与布局

传统园林建筑的布局贯穿着许多山水画构图理论。中国画论中的主次分明、开合有致、虚实得当、疏密相间等是有关空间布局的法则，为传统园林建筑构景和布局打下了坚实基础。中国古典园林一般以自然山水为景观构图主题，建筑为点缀风景而设置。因此，园林建筑设计要把建筑作为一种风景要素来考虑，使之和周围的山水、岩石、树木等融为一体，共同构成优美景色。

中国古典园林中的建筑、山石、花木等是水乳交融、和谐统一的，与人们的园居生活息息相关。按照不同功用来划分，园林建筑大致包括堂、房、室、轩、斋及阁、亭、廊、舫、榭等。在选址造型时，应首先考虑建筑周围的生态环境、整体布局、地形地貌等客观条件，以及人在游憩中的功能需要和情感诉求等主观因素。如《长物志》卷十中《位置》篇所述，文震亨指出室内空间布局应有繁有简，寒暑各异，高楼大厦，幽居密室，各不相同，即便图书及鼎彝之类玩物，也要陈设得当，才能像图画一样协调有致。毋庸置疑，“高堂广榭”“曲房奥室”是对园林中常见的建筑类型特色进行精辟概括。如堂“宜宏敞精丽”，应选择开阔疏朗之地；榭则追求朴素天成，有回归自然之感；房、室、轩、斋各有其微妙的差别；楼阁，或休憩或远眺，应从其功能上对景观空间进行整体把握；亭，供人们短暂停留、休息、观景之用；廊，作为一种“线”型建筑应用于园林之中，起着联系空间与划分空间的重要作用。两面观景的空廊，可以将景致一分为三，加强了园林各部分景观的渗透。为避免园林结构过于松散凌乱，可以结合地势变化，在园内高耸之地设置体量较大的建筑群，由此鸟瞰全园，从园内不同角度也可看到主要建筑的立体轮廓，起到对全园的控制作用。此外，还可以随地形构筑其他景点，与主体景观相辅相成。例如，苏州的怡园是一座具有较大规模的私家园林，以复廊将东、西部若干景区隔离开来。其中藕香榭又名荷花厅，为全园主厅，景色堪为全园之冠。藕香榭是园林景区内体量最大的建筑，以中部水池为中心，环以假山、花木、楼阁，起到画龙点睛的作用。这也印证了中国传统画论中“画有宾有主，不可使宾胜主”的观点，诚如宋代李成在《山水诀》中所述

“先立宾主之位，次定远近之形，然后穿凿景物，摆布高低”，强调主景突出的造园准则。多种多样的建筑类型“得体适宜”，从而形成各具特色的园林布局。正是有了这些各具特色的建筑，才能形成生机勃勃的园林景观，使人在其中感受到浓厚的艺术氛围。

自古以来，中国艺术创作都讲究运用虚实技法，“虚实相生，无画处皆成妙境”。许多参与造园的文人，深受怡情养性的老庄道家学说影响，将其“无为”“虚静”的人生观、“游心于谈，合气于漠”的处世方式反映在园林布局结构上，讲究“笔墨简淡处，用意最微”，讲究建筑布局的“虚实相生”，以营造一种奇妙而深远的意境。通过精心安排，使游览者在园林建筑景观中找到情感寄托与共鸣。如《长物志》卷十《位置》篇有言：“云林清秘，高梧古石中，仅一几一榻，令人想见其风致，真令神骨俱冷。故韵士所居，入门便有一种高雅绝俗之趣。若使前堂养鸡牧豕，而后庭侈言浇花洗石，政不如凝尘满案，环堵四壁，犹有一种萧寂气味耳。”考究的室内布局充分体现了“虚实相生”的原则，讲究“实景”与“虚景”的结合。“实景”即简洁的“几”“榻”，“虚景”则为“高雅绝俗之趣”。元代画家云林的居所在高山丛林之中，只设一几一榻，却令人联想到山居风致，顿觉通体清凉。因此雅士居所，进门就有一种高雅脱俗的风韵。如果前庭养鸡养猪，后院就不可能种花弄石，这样倒不如几案满尘、四壁矮墙，还有一种萧瑟寂静的意味。创设意境的关键在于“虚”和“实”的有机结合，以有限的空间、独具特色的意象来营造悠远、宁静的艺术氛围。 这样，通过悉心经营，人们能够在园林建筑景观中找到情感寄托，感受到舒适与自由。

二、空间与尺度

中国古典园林发展至明代，造园艺术家主张以“建筑群”的形式构建景观，顺应节奏和韵律，彰显出动态的起承转合，追求流动的空间美。在构建时，由空间的最基本单位——“间”组成“座”，由“座”围合成“中空”的庭院，再由庭院交错构成一系列具有层次感的建筑群。建筑群空间又通过多层次分割、过渡、转换、对比等多种组合方式，形成一种独有的节奏，从而使游览者产生心理共鸣。例如，坐落在秦岭北麓西安市户县草堂镇的西安院子，体现出传统院落的“宅院”概念，具有独立空间的主题院落相互呼应，围合界面错落有致，空间层次感强，兼顾了庭院深深的幽静感与深宅大院的私密性。整个院子依山而建，地势南高北低，最大落差高达6米，主体建筑因形就势、高低错落，形成了丰富而有节奏变化的整体布局，是经典的创新型现代版中国传统庭院，强调空间意境的创造，满足了人们精神生活的需要。

在《长物志》卷一《山斋》篇中文震亨说“宜明净，不可太敞。明净可爽心神，太敞则费目力。或傍檐置窗槛，或由廊以入，俱随地所宜。中庭亦须稍广……前垣宜矮”，相对于宫廷、寺院、衙署等，他认为园林建造应不拘泥于严整、对称的空间格局。建筑群体外部轮廓或规整或随意，院内各建筑物应“随地所宜”，因山就水、高低错落，强调建筑与自然环境的完美融合，以曲径通幽的序列布局展现建筑空间的“绘画之美”。我国传统园林建筑的梁柱木结构所具有的特性，不仅为空间处理带来了极大的自由度，而且提供了“随方制象，各有所宜”的必要条件。木框架结构的单体建筑，内墙外墙可有可无，空间可虚可实、可隔可透，从而能够形成空间层次上丰富多变的建筑群体。园林建筑与其他建筑类型相比较的特别之处，在于其要与园林这个大环境相协调，实现建筑美与自然美的融合。例如，中国古代园林中频繁出现的廊，很好地将人造建筑与自然景观连贯沟通。作为一种“线”型建筑应用于园林之中，廊本来就是联系建筑物、划分空间的重要手段。廊能随地形地势蜿蜒起伏，其平面亦可多变而无定制，因而在造园时常被用于分隔园景、增加层次、调节疏密，是控制园林中观景程序与层次展开的主要组织手段。在“峰回路转”“渐入佳境”式的游览中，人们能亲临其境品赏山水之趣。

就建筑而言，古人非常重视尺度合宜，讲究宫室有度，适形为美，适宜生活。“室”或“间”的尺度，应符合人体尺度，从而构成舒适的室内空间。诸多古籍对中国古代建筑礼制都有规定，如《论衡·别通篇》“宅以一丈之地为内”，内即内室或内间，是以“人形一丈，正形也”为标准来衡量的。这样的室或间又有“丈室”“方丈”之称，它们构成多开间建筑，进而组成庭院或更大规模的建筑群。在传统园林建筑空间构成中，除遵循礼制要求以外，还要尽量满足居住者的现实需求、园林空间艺术的需要以及与环境配合的实际要求。如《长物志》中有关于建筑尺度的记载“自三级以至十级，愈高愈古”，门前台阶应从三级到十级，越高越显得古朴。

总而言之，中式古典园林内部的建筑空间与外部的自然空间能够实现相互呼应、相互沟通，以灵活的平面构图、迂回曲折的空间序列、精心安排的尺度造型，在时空的不断推移和转换中，实现从“点”的单向静态景观到“线”的多层面动态景观的转换。游览者穿行其中，既是在欣赏建筑，又是在聆听或优美或雄壮的旋律，这就是中国传统园林建筑动态空间美的具体体现。

三、纹样与材质

传统园林建筑的纹样设计植根于中国传统文化，通过对各种材质如木材、石材、砖瓦等进行加工，形成独特的装饰形态，通常同时具有功能性和装饰性。中国传统设计在装饰上采用含蓄手法，主要有谐音、隐喻和象征等。利用汉字同音的条件，用同音或近音字来代替本字，在视觉形象与文化内涵之间建立起联系，以表达祈福求吉的愿望。通过语音上的联系，把图样作为一种祈福符号来使用。如“蝠”与“福”谐音，蝙蝠就意味着福运、福气。以蝙蝠为中心，形成了数量庞大的洪福类吉祥图案，如“福在眼前”“平安五福自天来”等。又如“桂”同“贵”、“瓶”同“平”、“鱼”同“余”等。民间装饰图案在艺术实践中形成了许多约定俗成的象征符号，其含义都是世代传承的，如牡丹象征富贵吉祥，玉兰象征知恩图报，松柏寓意长寿安康，琴棋书画代表文明高雅，葫芦表示多子多孙，对鱼、鸳鸯表示“成双成对”等。

匠心独运的纹理式样是一种艺术符号，是一种特殊的民族语言，具有丰富内涵和外延，给园林建筑注入了灵气，也给整个园林增添了一份灵动和秀巧，有着极高的美学价值。园林的建筑装饰主要呈现出的是一种图案美。康德曾说：“在建筑和庭园艺术里，就它们是美的艺术来说，本质的东西是图案设计，只有它才不是单纯地满足感官，而是通过它的形式来使人愉快。”园林中的各种建筑图案大多取材于日常生活和社会实践，涉及天地自然、祥禽瑞兽、花卉人物、文字古器等，在一定程度上是社会文化、风俗习惯、审美艺术观的集中体现。文震亨在《长物志》卷一《门》篇中说：“门环得古青绿蝶兽面，或天鸡饕餮之属钉于上为佳，不则用紫铜或精铁如旧式铸成亦可，黄白铜俱不可用也。”蝴蝶所象征的是一种唯美、超脱、敏感而脆弱的性格。庄子曾以“蝴蝶”自喻，他认为死亡未必不是一种对肉体和现实束缚的解脱。在封建专制社会暴力政治的压迫下，文人士流虽心怀美好的愿望，却无力与恶势力相抗衡，只有把希望寄托于另一个虚幻的梦境。在文人所造私家园林中，他们逃避丑陋的现实，苦苦寻求心灵的慰藉。例如，天鸡是传说中的神鸡，南朝梁代著名文学家任昉在《述异记》中记载：“东南有桃都山，上有大树，名曰桃都，枝相去三千里，上有天鸡，日初出照此木，天鸡则鸣，天下鸡皆随之鸣。” 可见，天鸡、饕餮都是青铜器上常见的动物纹样。“饕餮”这一青铜时代的至尊，却已然踪影难寻了。传说龙生九子，第五子叫饕餮，是上古一种凶猛且残忍的魔兽。饕餮纹一般以动物形象出现，具有虫、鱼、鸟、兽等动物的特征，隐喻当时社会的黑暗势力。文人借饕餮来排解对社会现实不满的情绪。又如《长物志》卷一《栏干》篇“亭榭廊庑可用朱栏及鹅颈承坐；堂中须以巨木雕如石栏，而空其中。顶用柿顶朱饰，中用荷叶宝瓶”，佛教艺术常常以莲荷作为重要的装饰纹样，其核心象征意义是圣洁、秀雅。古人认为荷花是高雅纯洁的象征，常暗喻不染俗尘的君子，且“荷”谐音“和好”“和睦”。“瓶”也是取“平”的谐音，象征平安幸福。再则，瓶又是佛教观音菩萨的法器，用以施法救难，能够驱除邪气。装饰图案是表象思维的产物，一般人对形象的感受能力大大超过了抽象思维能力，图案正是对文化的一种“视觉传承”。园林里大量建筑装饰图案是历史的物化、物化的历史，既浓缩了中华民俗之精华，又映射出士大夫文化儒雅之气。

色彩也是影响园林建筑风格的重要因素，主要通过建筑材质来体现。选材时，既要注意建筑对构建景观所起的作用，又要考虑周围环境的色彩与格调。《长物志》有记载：“漆惟朱、紫、黑三色，余不可用。”在中国古代，朱色是高贵富有的象征，所谓“朱门”“朱轩”“朱轮”，它是富庶人家的屋舍、建筑和车辆的装饰用色。紫色则是最尊贵的颜色，所谓“紫气东来”。论及黑色，要追溯到道家“玄学”。“玄”即黑色，是幽冥之色。道家崇尚黑色，认为黑色是居于其他一切色彩之上的颜色。明代文人画的色彩主张受道家色彩观影响深远，崇拜墨色，主张“墨分五色”“不施丹青，光彩照人”。深受独特气候、美学文化及哲学思想的影响，在江南私家园林中形成了独特的黑白光影之美。多数庭院中的建筑，外观色相基本上都是白墙、黑瓦、栗柱，以单纯朴素的色泽构成不温不火的中性基调，淡妆素裹，朴实无华，毫无视觉上的耀眼刺激，细微处都渗透着文人的雅致、朴素，具有与皇家园林截然不同的质感与色彩。例如，苏州园林中多处出现的半亭，依附主建筑的墙垣，两角高高翘起，青瓦屋顶、棕色廊坊、白粉墙面相互映衬，假山环绕其旁，色彩素洁，线条秀美，如同一幅水墨画跃然纸上，显得格外清秀典雅。

以建筑衬托和点缀环境，要与环境相协调，在选材上应注意色彩不能过分夺目，质感要尽量接近自然。文人造园是以“古雅”著称于天下，其园林建筑多取材于自然，不尚雕饰，以天然简朴取胜，一派文人水墨的清幽。文震亨在《长物志》卷一《栏干》篇中说：“石栏最古，第近于琳宫梵宇，及人家冢墓，傍池或可用，然不如用石莲柱二。木栏为雅。柱不可过高，亦不可雕鸟兽形。”栏杆是传统园林建筑中比较常见的组成部分，无论走廊、桥栈、花池、楼阁、台榭等，都会用到。中国传统园林建筑中栏杆的材料有很多种，以石为“古”，木为“雅”。式样简洁的栏杆造型可以起到点缀环境的作用，切忌饰以鸟兽等复杂的图样。李渔的园林美学理论也以“适宜”为设计宗旨。他提出“窗棂以明透为先，栏杆以玲珑为主，然此皆属第二义，其首重者，止在一字之坚，坚而后论工拙”，坚决摒弃那种追求浮华、本末倒置之风，主张无论是园林景观设计还是建筑构造都须以实用为主。李渔的这种思想无疑对中国古典园林发展起到了积极作用。

中国传统造物思想提倡“天人相筹，唯物是美”的朴素标准，木材自然是最典型的代表。中国传统造园选用木材作为主要的建筑材料。文震亨在《长物志》卷一《门》篇中说：“用木为格，以湘妃竹横斜钉之，或四或二，不可用六。两傍用板为春帖，必随意取唐联佳者刻于上。若用石梱，必须板扉。石用方厚浑朴，庶不涉俗。”湘妃竹，竿部生黑色斑点，颇为美丽，常用于园林绿化中，是优良的观赏竹种。关于湘妃竹的传说，民间多有记载。晋人张华《博物志》述：“尧之女，舜之二妃，曰：‘湘夫人’。帝崩，二妃啼，以涕挥竹，竹尽斑。”尧帝将自己的两个女儿——娥皇与女英都嫁给了舜。娥皇、女英二人聪明、坚贞、仁慈，一直辅佐舜为百姓谋福利。舜常常出外巡视，认真考察诸侯政绩，赏罚分明，受到天下人的拥护和爱戴。舜晚年时期，南方衡山一带有苗部落发动叛乱，他亲自南征，不幸死于苍梧之野。得此噩耗，娥皇、女英悲痛之极，遂欲寻找舜墓。至九嶷山，二人被湘水所阻，就在江边抱头痛哭，伤心的泪水洒在竹子上留下了斑斑泪痕。历代文人雅士对此多有题咏，唐朝诗人李贺有《湘妃》诗：“�竹千年老不死，长伴神娥盖江水。蛮娘吟弄满寒空，九山静绿泪花红。离鸾别凤烟梧中，巫云蜀雨遥相通。幽愁秋气上青枫，凉夜波间吟古龙。”唐代诗人高骈也曾写有《湘浦曲》：“虞帝南巡去不还，二妃幽怨水云间。当时垂泪知多少，直到如今竹尚斑。”“湘妃竹”隐喻娥皇、女英二人的忠贞情怀和高尚气节，这恰与文人士流雅洁坦荡的精神内涵相吻合。石则要以“方厚浑朴”“庶不涉俗”为佳品。这些饱含隐逸文化寓意的纹理样式，简洁明确地表达出士人超然脱俗的生活愿望，不仅带来一定的美学艺术效果，而且体现出园主的个人爱好和艺术品位。

建筑装饰的纹样、色彩、材质反映了哲学、文学、宗教、艺术审美观念及风土人情等，因此，中国古典园林建筑成为中华民族古老的记忆符号最为集中的信息载体。园林装饰是物化的历史，更是一本生动形象的文化教科书。

第二节　水池之重心

水体是大自然景观构成中的一个重要因素，它既有静止状态的美，又有流动状态的美，因而也是一个最活跃的因素。正如在《长物志》卷三《水石》篇中，文震亨提出：“石令人古，水令人远。园林水石最不可无。要须回环峭拔，安插得宜。一峰则太华千寻，一勺则江湖万里……苍崖碧涧，奔泉迅流，如入深岩绝壑之中，乃为名区胜地。”石可引人发幽古之思，水可令人有宁静致远之感。园林中，水、石最不可或缺。水石的设置当峭拔回环，布局得当，相得益彰。造一山，有壁立千仞之险峻，设一水，具江湖万里之浩渺，加上修竹、古木、怪藤、奇石交错突兀，壁涯深涧，飞泉激流，似入高山深壑之中，如此才算得上名景胜地。中国园林崇尚自然，视山水为园林的灵魂，山与水是园林景观构成必不可少的要素，是构成自然风景的骨架。一般而言，园林内开凿的水体面积偏小，是自然界的河、湖、溪、涧、泉、瀑等的艺术缩影。人工理水务必做到“虽由人作，宛如天开”，或利用山石点缀岸、矶，或堆砌岛、堤，或架桥，在有限的空间内呈现人造水景，旨在实现“一勺则江湖万里”之意境。

一、理水

在追求自然意趣的中国传统文人园林中，往往将大面积的水域划分成若干相互连通的小型水体，从而使游览者产生隐约迷离和不可穷尽的幻觉，增添深邃藏幽之感。中国园林理水着重取“自然”之意，塑造出湖、池、溪、瀑、泉等多种形式，诚如《老子》所言：“人法地，地法天，天法道，道法自然。”“道法自然”，指世间天地万物无不遵循自然规律，无不得自然本源之功，最终都必然返归于本根。它以高度概括的语言深刻揭示了“天人合一”的思想精华，即强调人与自然的统一性，彼此互相渗透，才能实现万物和谐的境界。这种天人合一的道家美学观对中国古典园林的理水手法影响深远。

我国古典园林的理水方式以静态为主，那些临水或绕池而建的园林，都有着清澈如镜的水面，蕴含着静谧、朴实之美，“清池涵月，洗出千家烟雨”“越女天下白，鉴湖五月凉”等都是文人对静水的赞美。在园林中一般以多变的手法处理静水。对于面积有限的小型园林来说，尽量将分散的水流聚集在一起，通过构建曲桥使水域边际或藏或露，达到“山重水复疑无路，柳暗花明又一村”的艺术效果。大型私家园林中一般存在宽广的水域，则应采取分散处理的方式来利用，或平矶曲岸，或小岛长堤，将单一的水面划分成一连串既隔又连、层次丰富、主题各异的水景序列。如《长物志》中道：“凿池自亩以及顷，愈广愈胜。最广者中可置台榭之属，或长堤横隔……一望无际，乃称巨浸。若需华整，以文石为岸，朱栏回绕……最广处可置水阁，必如图画中者佳。”人工凿池是园林理水的重要方式。开凿池塘大可纵横数亩至顷，以广阔无垠为最佳。在水域中央可以借助亭台楼阁形成相对独立的空间，或者构建堤坝进行分割，各个空间既自成一体又相互连通。可以根据园林中水体的不同特征，因地制宜，构造灵活多变的建筑环境景观。在水面开阔宁静处，宜建大体量的亭台水榭；水面狭窄处则与假山相傍，深邃而富有山林之趣。不同水域以狭长的溪流相连，池岸形态丰富，辅以石矶、草坡、夹涧石谷等，在水面转折处设小岛或长堤，增强了景物的层次感和进深感，顿生"咫尺山林"的景观效果。例如，苏州沧浪亭的"面水轩"（图4–1），是一座四面厅，取杜甫著名诗句"层轩皆面水，老树饱经霜"之"面水"而得名。面水轩傍水而筑，北面假山壁立，下临清池；南面接近沧浪亭，古木层峰相互掩映，是品玩赏景的绝佳之地。苏州网师园的"濯缨水阁"，纤巧柔美，基部全用石梁柱架空，宛若浮于水面。"濯缨"取自《孟子·离娄上》："有孺子歌曰：'沧浪之水清兮，可以濯我缨；沧浪之水浊兮，可以濯我足。'孔子曰：'小子听之！清斯濯缨，浊斯濯足矣。自取之也。'"这座水榭，位于水池的西南角，游览者可临槛垂钓，凭栏观鱼，享受沧浪水清之美、俗尘尽涤之乐。在这样的园林之中，建筑或环绕水边，或跨越水面，与水体相映成趣，尽显园林的意境之美。

图4–1　苏州沧浪亭的"面水轩"

园林中湍急的流水、狂泻的瀑布、奔腾的跌水和飞涌的喷泉，动态感很强，给整个园林带来勃勃生机。"问渠那得清如许，为有源头活水来"，只有能流转的活水，才能给园林带来生气，才能映衬出园林景色。为此，计成在《园冶》中指出，造园在初创阶段就要"先究源头，疏源之去由，察水之来历”。文震亨也在《长物志》中提及：“引泉脉者更佳，忌方圆八角诸式。”理水讲究“疏源之去由，察水之来历”，“引泉脉者更佳”，旨在以水为媒介，协调各种园林景观要素。利用山势造就溪流与涧水，做成各种形式的瀑布、涌泉，创建一种流动的水景。《长物志》中曾有记载，“山居引泉从高而下，为瀑布稍易……亦有蓄水于山顶，客至去闸，水从空直注者”，动水“尤宜竹间松下，青葱掩映，更可自观”。讲究水体与土、石、草等周围环境的协调，或交替变化，大小错落，或凹凸相间，起伏自然，切忌人工痕迹过重，以自然古雅为美。

二、造景

建筑与不同的水体多样组合，可以丰富建筑的构景方式，创造出空间多变、独具匠心的环境景观。文震亨在《长物志》卷三《小池》篇中说：“阶前石畔凿一小池，必须湖石四围，泉清可见底。中畜朱鱼翠藻，游泳可玩。四周树野藤细竹，能掘地稍深引泉脉者更佳。”又在《广池》篇中说：“池旁植垂柳，忌桃杏间种。中蓄凫雁，须十数为群，方有生意。”以水池为中心，辅以溪涧、瀑布等，结合地形，环以建筑，配合山石、花木和亭阁形成各种不同的景色，是文震亨所推崇的一种造景方式。池水不仅可为园林增色，而且还可畜朱鱼、翠藻、凫雁，展现出富有生命力的气象，这也是园居的一种独特审美感受。如魏公南园，“堂之阳，为广除，前汇一池，池三方皆累石，中蓄朱鱼百许头，有长至二尺者，拊栏而食之，悉聚若缋锦，又若炬火烁目”，锦衣东园水池中“朱鳞数十百头，以饼饵投之，骈聚若唼，波光溶溶，若冶金之露芒颖”，徐锦衣家园中也有“朱鱼有径尺者，鼓鬣自恣”。园林中的水体除了有助于造景，另一个重要功能就是“可玩”。张怡曾写诗咏道：“门前流水枕寒山，日日身居山水间，况有扁舟堪载月，塞淇桥畔赤矶湾。”

园中有水，水上架桥，架桥也有一番讲究，文震亨认为：“广池巨浸，须用文石为桥，雕镂云物，极其精工不可入俗。小溪曲涧，用石子砌者佳，四旁可种绣墩草。”至于游船，也要点缀好，小船“长丈余，阔三尺许，置于池塘中，或时鼓枻中流，或时系于柳阴曲岸，执竿把钓，弄月吟风”。可见，在古代舟楫也是园林必备的风雅物品。文震亨在《长物志》卷九《舟车》篇中曾说：“用之祖远饯近，以畅离情；用之登山临水，以宣幽思；用之访雪载月，以写高韵；或芳辰缀赏，或靓女采莲，或子夜清声，或中流歌舞，皆人生适意之一端也。”桥、船的如此布置，既动静调和，又别见风味，使游览者如同进入图画之中。在江南古典园林造景实践中，苏州网师园面积虽小，但其水池、亭阁、轩榭之间层次分明，可谓江南小园之典范。网师园的平面布局是以水池为中心，亭阁廊榭环绕四周。集虚斋、看松读画轩组成的院落位于池北，环池配以花草树石。轩的东侧临水而筑的是竹外一枝轩，松梅盘曲于槛前，与水池西南角的濯缨水阁遥相呼应，景色分外别致。水阁式建筑射鸭廊，与池对面的月到风来亭互为对景，增添了园景的层次感。水池西面，一亭一廊环池而建，天光山色、廊屋树影倒映池中，再加上山石与花木的点缀，别有一番“月到天心，风来水面”的情趣。由于明净的水面十分开阔，能够给人以清新、幽静、开朗的感觉，再与幽曲的庭院和景区形成疏与密、开放与封闭的对比，为游览者展开了分外优美的画面，而池水周围山石、亭榭、桥梁、花木的倒影以及天光云影、碧波游鱼等，都能为园景增添生气。因此，环绕水池布置景物和观赏点，已成为中国古典园林中最常见的布景方式。

三、寄情

钱泳在《履园丛话》中曾说：“造园如作文，必须曲折有法，前后呼应，最忌堆砌，最忌错杂，方称佳构。”古人营造园林，善于利用自然环境，并加以人工雕琢，从而造出天上人间的美景。“知者乐水，仁者乐山”，水给人以智慧的启迪，人类自古喜欢择水而居，纵情山水。我国古代园林中水域面积常常占有很大比例，有“三分水，二分竹，一分屋”的说法。水，无形无色而流动多变，或平静如镜，倒映万物，或潺潺流动，奏琴鸣曲，给有限的空间平添几分意趣。

古园中动态水景虽然较少，但它们是园林中生动的点睛之笔。应不同造园构思需求，艺术家能创造出活泼的水体。传统园林中的动水，主要是指溪流及泉水、瀑布等，既呈现出水的动态之美，又以水声增添了园林的生气。《长物志》卷三《瀑布》篇中记载：“园林中欲作此，须截竹长短不一，尽承檐溜，暗接藏石罅中，以斧劈石叠高，下凿小池承水，置石林立其下，雨中能令飞泉喷薄，潺湲有声，亦一奇也。”用长短不一的竹子承接屋檐的流水，将其隐蔽地引入岩石缝隙，垫高石块，下面凿小池接水，安放一些石头在池子里，利用水源与水面的落差，形成人造瀑布，展现“引来飞瀑自银河”的磅礴气势。此外，随山石而转的曲溪小涧之水，或潺潺，或汩汩，或呜呜，或叮咚，使人们在游园赏景之余，还能陶醉于自然界的天籁之音。通过强化水的“喷、涌、注、流、滴”等一系列动态特征，塑造出生动的园林意境。如济南的趵突泉，泉池约略成方形，广为一亩，周围绕以石栏，泉水从地下溶洞的裂缝中喷涌而出。游人凭栏俯瞰泉池，清澈见底。春夏之交，池水可上涌数尺，水珠回落仿佛细雨沥沥，古人盛赞“喷为大小珠，散作空濛雨”，是古园中闻名遐迩的动水景观。

我国古典园林中多栽植大叶植物，逢雨天便可借助听觉变化，以水声之美赋予园林诗的意境。最为著名的莫过于留听阁内“留得残荷听雨声”的诗意，以及听雨轩外“雨打芭蕉”的唯美。苏州拙政园的留听阁（图4–2）位于池塘之西，单层楼阁，四周美景一览无余。池塘内种满荷花，该阁得名于唐代诗人李商隐“秋阴不散霜飞晚，留得残荷听雨声”的千古绝句。听雨轩（图4–3）则位于拙政园东南部的小院，院内池中植荷花，池边栽芭蕉，突出小院听雨的风景主题。南宋诗人杨万里曾作《秋雨叹》，留下“蕉叶半黄荷叶碧，两家秋雨一家声”的名句。这院内蕉、荷相映，雨天于轩中可观蒙蒙雨景，听淅淅雨声，韵味无穷。

图 4–2　留听阁

图4–3　听雨轩

第三节 山石之巧作

中国传统园林中水与山的关系是共融共生，使园林景色更加和谐完美，所以有“山得水而活，水得山而媚”之说。山、石是构成自然风景的基本要素，但中国古代造园家绝非一般地利用或者简单地模仿这些构景要素的原始状态，而是有意识地加以改造、调整、加工，运用艺术化处理手段进行再创造，从而表现精练概括的自然山石之景。文震亨在《长物志》卷三《太湖石》篇记载“石在水中者为贵……在山上者名旱石”，《品石》篇记载“石以灵璧为上，英石次之”，这些不同类型的石头，经过堆叠组成了变化多端的山形地势，具有各不相同的空间性格，这一切为园林建筑创作提供了极其灵活的条件。成功的园林建筑正是通过对环境地貌特征的利用和对其空间性格的把握，点染环境，突出自然景观特色。

一、掇山

自然界中山体的形象各具特色，地形复杂，规模较大，但在有“壶中天地”之称的私家园林中，山体只是名山大川典型特征的大写意，其规模与尺度无法与真山相比。造园匠师们以新颖独特的方式堆山叠石，形成“有高有凹，有曲有深，有峻而悬，有平而坦”的视觉空间变化，进而产生意境深远的艺术效果。掇叠假山必须因地制宜，整体把握主观要求和客观条件的可能性。中国园林中假山掇叠的历史可以追溯到秦汉时期，当时的掇山手法已经由“筑土为山”转变为“构石为山”。至唐宋，由于深受魏晋南北朝山水诗和山水画的影响，建造假山之风盛行，民间宅园也流行赏石造山，遂涌现出一批专门堆筑假山的能工巧匠。明代，假山建造技艺日臻完善，已经发展到“一卷代山，一勺代水”的阶段。明代计成的《园冶》、文震亨的《长物志》、清代李渔的《闲情偶寄》，从实践和理论两方面将假山艺术推向一个前所未有的巅峰。苏州的“环秀山庄”、上海的“豫园”、南京的“瞻园”和扬州的“个园”等，都是江南地区现存的假山名园。

《长物志》卷三《太湖石》篇有言：“石在水中者为贵，岁久为波涛冲击，皆成空石，面面玲珑。在山上者名旱石，枯而不润，赝作弹窝，若历年岁久，斧痕已尽，亦为雅观。吴中所尚假山，皆用此石。”水中的太湖石最珍贵，经波涛常年冲击侵蚀，形成许多洞孔，敲击时能发出清脆声响。山上的太湖石叫旱石，干燥不润，人工开凿一些洞孔，待年久凿痕消失，也还算雅观。苏州一带的人尤其喜欢用太湖石构筑假山。“有真为假，做假成真”是掇山的不二法门，也是中国园林一贯秉承的“虽由人作，宛自天开”的总则在掇山方面的具体表现。“有真为假”说明了掇山的必要性，“做假成真”提出了对掇山的要求。天然的名山大川是大自然“鬼斧神工”之作，由于园林的空间局限性，只能用人工造山来满足人们的审美需求。假山建造工艺兼具科学性、技术性和艺术性。《园冶》的《自序》中称“有真斯有假”，说明大自然是人造景观的源起，是掇山的客观依据。假山是由单体山石掇成的，就其施工而言，是“集零为整”的工艺过程，必须注重外观的整体感以及结构的稳定性。以自然景物为艺术创作素材，需要充分发挥艺术家的主观能动性，融入创意思维，对自然山水进行去粗取精的艺术加工，使之更为典型和集中，从而实现“外师造化，中得心源”。要“做假成真”，就意味着假山不仅要合乎自然山水地貌，而且必须遵循景观形成和演变的科学规律，诚如《长物志》卷三《英石》篇所述：“出英州倒生岩下，以锯取之，故底平起峰，高有至三尺及寸余者。小斋之前，叠一小山，最为清贵，然道远不易致。”将英石从岩石上锯下，呈底部平齐的立柱形，高的有三尺长，小的仅一寸长。在小屋前，直接用英石堆砌一座小山，最为清雅。

二、品石

明代经济一度繁荣，品石艺术有了较大发展，出现许多奇石收藏大家。如明代大画家米万钟，当时拥有三座庄园——“勺园”“漫园”“湛园”。历史上有名的“败家石”就是因他而得名。明代奇石书籍也较唐、宋更多，诸如《园冶》《素园石谱》《徐霞客游记》《冶梅石谱》《万石斋石谱》《观石录》《怪石录》《怪石赞》《十二石斋记略》等。同琴棋书画、梅兰竹菊之爱好相提并论，对奇石的癖好已经成为士流风雅的重要标志之一。尤其是在江南地区，文人缙绅们不甘落后，他们为了搜罗奇石点缀园林可谓不惜千金。董其昌在《筠轩清閟录》中提到上好的昆山石价格昂贵，“嘉靖间见一块，高丈许，方七八尺，下半状胡桃块，上半乃鸡骨石，色白如玉，玲珑可爱。云间一大姓出八十千置之，平生甲观也”。

著名造园家文震亨在《长物志》中较为详细地介绍了11种可供赏玩的山石。他以为“石以灵璧为上，英石次之。然二种品甚贵，购之颇艰，大者尤不易得，高逾数尺者，便属奇品。小者可置几案间，色如漆、声如玉者最佳。横石以蜡地而峰峦峭拔者为上，俗言‘灵璧无峰’‘英石无坡’”，而“锦川、将乐、羊肚”，“石品惟此三种最下”。园林用石，以灵璧石为上品，英石稍次。但是，这两个品种非常稀少珍贵，几尺高的就称得上是珍品，小的可以置于几案之间，色如漆器般光亮，声如玉器般清脆。在所有石品中，锦川、将乐、羊肚这三种最差。他还进一步分析了各种石头的特征及品鉴标准，如尧峰石“苔藓丛生，古朴可爱。以未经采凿，山中甚多，但不玲珑耳”，土玛瑙“出山东兖州府沂州，花纹如玛瑙，红多而细润者佳”。

明末清初的著名画家石涛，一生酷爱品鉴名石，以叠石名手而著称。曾位于扬州的“万石园”，就是他将一万块太湖石堆叠而成，其娴熟的技巧和奇特的章法至今令人叹为观止。明代文人林有麟也以热衷收集奇石美石而闻名遐迩，在素园中建“玄池馆”来专门陈列他的收藏佳品，并将书中所见的“有会于心”的奇石，逐一描绘成图，缀以前人题咏，著有《素园石谱》。该书还保存许多制作盆景与研山的资料，对当时乃至现今造园都具有较高的研究价值。 这一时期，多于廊房四周围绕的院落中建石台，将美石置于其上。如《长物志》卷三《昆山石》篇中记载昆山石“出昆山马鞍山下……间有高七八尺者，置之大石盆中，亦可”。产自马鞍山的昆山石，间或有七八尺高的，遂将其安置在大石盆中。这种单独造型的美石在江南地区的园林中颇为多见。庆云山庄的凌霄石、东皋草堂的五老峰、豫园的玉玲珑，都是闻名于世的美石。其中，玉玲珑为江南三大名石之一，石色青黝，周身多孔，具有皱、漏、瘦、透之美，为豫园增色不少。该石万窍灵通，古人曾谓“以一炉香置石底，则孔孔烟出；以一盂水灌石顶，则孔孔泉流”。抑或将一些造型独特的小体量美石置于小盆内，供人赏玩，如“石子五色，或大如拳，或小如豆，中有禽鱼鸟兽人物方胜回纹之形，置青绿小盆或宣窑白盆内，班然可玩”，细微之处也流露出闲逸雅致的生活情趣。

三、巧作

在中国古典园林中，随处可见的是富于自然情趣的山石。古代造园艺术家用石头修建亭榭、筑桥铺路、堆围水岸，它既是古典园林的工程建筑材料，又是重要的装饰要素。通过对石头的巧妙利用和设置，折射出中国园林古朴的自然情趣，也营造出独具华夏审美特色的园林意境。例如，苏州留园明瑟楼的“一梯云”，就采用自然叠石的方式堆砌成山间踏道。此外，为了连贯山势和渲染气氛，古典园林中还常常构筑爬山廊或高低起伏的“云墙”。如苏州沧浪亭看山楼，在石山上设两层楼，采用爬山廊与盘山道相结合的手法来处理楼阁与石山的关系，是山上楼阁典型实例之一。

明代杰出的造园理论家文震亨在《长物志》中对“街径庭除”有这样的描述：“驰道广庭，以武康石皮砌者最华整。花间岸侧，以石子砌成，或以碎瓦片斜砌者，雨久生苔，自然古色，宁必金钱作埒，乃称胜地哉？”道路及庭院地面用武康石石块铺设，最为华丽整洁。花木间的小道池畔，用石子堆砌，或者用碎瓦片斜着嵌砌，雨淋久了便生苔藓，自然天成，古色古香。武康石既坚固不易受损，又具天然质感纹理，施工时以其为料铺砌庭院的路面，顿生一派淳朴天然气象。又如“小溪曲涧，用石子砌者佳，四旁可种绣墩草”，小溪山泉，最好用石子垒成小桥，四周可种上绣墩草。以天然石子或者碎石瓦砾砌就花园小径，能营造一种令人脱俗的清雅意境。文震亨对“阶”“桥”的描述中也曾提到“须以文石剥成……以太湖石叠成者，曰‘涩浪’，其制更奇，然不易就。复室须内高于外，取顽石具苔斑者嵌之，方有岩阿之致”，“广池巨浸，须用文石为桥”，石阶、石桥的选材多用文石、太湖石，因为它的质地、颜色、纹理、质感非人力所能及，最具自然造化的天然意趣。又如大理石“出滇中……但得旧石，天成山水云烟，如‘米家山’，此为无上佳品。古人以镶屏风，近始作几榻，终为非古”，永石“即‘祁阳石’，出楚中……紫花者稍胜，然多是刀刮成，非自然者，以手摸之，凹凸者可验，大者以制屏亦雅”。大理石，质坚细密、花纹美观，被广泛镶嵌在文具、用具、挂件、屏风上做装饰，给人清爽之感。园林建筑装饰上采用天然石料，大多是根据需求粗略镶嵌成形，很少精雕细刻，以显露出其天然的质地、纹理、色彩，给人一种原汁原味的大自然韵味，这也恰恰体现出“巧夺天工”的审美观照。

第四节　花木之搭植

园林中除布局山水建筑之外，还应讲究花木种植。古人有云：“山以林木为衣，以草为毛发，以烟霞为神采，以景物为妆饰，以水为血脉，以岚雾为气象。”花开花谢，春华秋实，为静态的山池增添了动态之美，正如文震亨在《长物志》卷二《花木》篇中所言：“乃若庭除槛畔，必以虬枝古干，异种奇名，枝叶扶疏，位置疏密。或水边石际，横偃斜披；或一望成林；或孤枝独秀。草花不可繁杂，随处植之，取其四时不断，皆入图画。”可见，园林植物配置种类繁多、竞相斗艳，唯有草木是其根本，最能令人联想到纷繁葱郁的自然景观，正如三五株虬枝古干能给人以蓊然之感。此外，树木和花卉还因其形、色、香而被赋予不同的性格和品德，在园林造景中显示其象征意义。

一、古雅

古典园林中的植物配置一般采取自然式种植方式，与园林风格尽量保持一致。自古以来，“天人合一”的观念备受人们推崇。因此，人们对自然情有独钟，自始至终都十分重视花木的呵护与培育，所谓“园，所以种树木也”。特别是明代，儒家的“仁爱”等观念深入人心，中国文人园林崇尚古朴淡雅，追求诗情画意。

古典园林中的植物配置不仅讲究栽植方式，而且追求景观的深、奥、幽、雅。文震亨在《长物志》卷二中对各种植物的形态特征进行了详细分析，从中归纳出一些规律。“梅生山中，有苔藓者，移置药栏，最古”（《花木》），他以为生长于林野山间的梅散发出自然清新的韵味，将其移植至园中便成为最古朴雅致的景观；“最古者以天目松为第一，高不过二尺，短不过尺许，其本如臂，其针如簇，结为马远之‘欹斜诘屈’，郭熙之‘露顶张拳’，刘松年之‘偃亚层叠’，盛子照之‘拖拽轩翥’等状”（《盆玩》），松自古以来就象征坚贞不屈，以浙江临安县天目山所产的黄山松最古，还应以宋元两代诸多著名画家所绘之造型配植松树，方能达到诗情画意的效果；“柔条拂水，弄绿搓黄，大有逸致”（《柳》），这是形容柳树体态轻盈，随风舞动，水岸、垂柳颇有一番惬意园居的情趣；“至如小竹丛生，曰‘潇湘竹’，宜于石岩小池之畔，留植数枝，亦有幽致”（《竹》），在园林的石矶、河岸处栽植少量湘妃竹，竹影摇曳，更添几分幽深闲雅的韵致；“水仙二种，花高叶短，单瓣者佳……次者杂植松竹之下，或古梅奇石间，更雅”（《水仙》），苍松翠柏之下种植水仙，或在梅树与叠石之间穿插几株水仙，给人的感觉是松柏崇高，奇石不凡，却也不失柔和恬静之美；论及芭蕉，则“绿窗分映，但取短者为佳，盖高则叶为风所碎耳……不如棕榈为雅，且以麈尾蒲团，更适用也”。

这些经典的植物配置方式，在《长物志》中俯拾皆是。通过栽植各具特色的植物映衬出中国古典园林之美，寄托造园家们丰富的情感。另外，花台、盆景、盆栽等在中国古典园林中也得到广泛运用，室内室外、厅前屋后、轩房廊侧、山脚池畔等处均可设置。文震亨认为“盆玩，时尚以列几案间者为第一，列庭榭中者次之”，对于盆中所栽种的植物，“又有古梅苍藓鳞皴，苔须垂满，含花吐叶，历久不败者，亦古”，“又有枸杞及水冬青、野榆、桧柏之属，根若龙蛇，不露束缚锯截痕者，俱高品也。其次则闽之水竹、杭之虎刺，尚在雅俗间”（《盆玩》）。可见，盆栽植物的品种、形态、色泽都注重“古”“雅”二字，旨在体现中国古典园林含蓄隽永之美。

二、意韵

从立意出发，造园匠师综合考虑园林绿地的性质和功能，选择适当的花木品种和配置方式来表现主题，营造意境，满足园林的居住与赏玩需求。为了充分发挥游览者听觉、视觉及嗅觉等各种感官的能动作用，古典园林中常借植物传达某种意趣，以提高园林观赏效果。从听觉角度而言，作为承德避暑山庄的著名景点，“万鹤松风”就是借风掠松林所形成的瑟瑟涛声而给人以艺术感受。从视觉角度而言，苏州拙政园的“雪香云蔚亭”，在山花野鸟之间烘托出“蝉噪林愈静，鸟鸣山更幽”的独特意境，山林野趣油然而生。《长物志》卷二《海棠》篇中曾记述：“昌州海棠有香，今不可得；其次西府为上，贴梗次之，垂丝又次之。余以垂丝娇媚，真如妃子醉态，较二种尤胜。木瓜花似海棠，故亦有‘木瓜海棠’。但木瓜花在叶先，海棠花在叶后，为差别耳。”《李》篇中言：“桃花如丽姝，歌舞场中，定不可少。李如女道士，宜置烟霞泉石间，但不必多种耳。”这里，文震亨将海棠花比作醉酒后的妃子，娇羞妩媚之态萦绕于心；盛开的桃花正如活跃于歌舞场所的美女歌伎，必然是脂粉气浓重，一派风尘意味；李则显得尤为低调，就像遁世隐居的女道士一般，追求超然脱俗的境界。至于嗅觉，文震亨则谈道：“丛桂开时，真称‘香窟’，宜辟地二亩，取各种并植，结亭其中，不得颜以‘天香’‘小山’等语，更勿以他树杂之。”（《桂》）待到花开时节，桂花丛中散发出清新的香味，沁人心脾，令人神往。

作为情感寄托的载体，植物被广泛应用于古典园林意境营造之中。曾有陶渊明“采菊东篱下，悠然见南山”，周敦颐爱莲之“出淤泥而不染”，以及林和靖“梅妻鹤子”之千古佳话。梅、兰、竹、菊即“花中四君子”，分别以其傲、幽、坚、淡的品格成为中国古代文人感物喻志的象征，文震亨在《长物志》中分别对其进行了重点描述。梅，“幽人花伴，梅实专房，取苔护藓封枝稍古者，移植石岩或庭际，最古。另种数亩，花时坐卧其中，令神骨俱清”。梅花玉洁冰清，俏不争春，是常见的园林植物之一。梅花被誉为“雪中高士”，象征不慕虚荣、坚贞自守、清心雅骨的君子，其高洁品格早已深入人心。闻香赏梅，能达到令人“神骨俱清”的效果。兰，“出自闽中者为上，叶如剑芒，花高于叶，《离骚》所谓‘秋兰兮青青，绿叶兮紫茎’者是也”。兰花静静地绽放，淡泊清秀，高洁典雅，“幽而芳香”。竹，“取长枝巨干，以毛竹为第一，然宜山不宜城；城中则护基笋最佳”。园林中的竹子挺拔、有节，不畏严寒、终年常青，这些形貌特征恰好与古代文人士大夫追求的高尚情操相契合。菊，“茎挺而秀，叶密而肥，至花发时，置几榻间，坐卧把玩，乃为得花之性情”。至深秋开花时令，众花凋零，唯有菊花独自芬芳，表现出傲岸、清奇、坚贞、刚毅、无畏等高尚品性，深得文人喜爱。

三、配植

结合园林植物的外形特征以及生长规律，造园艺术家根据实际需要选择配置方式。《长物志》中对各种植物的生长特性进行了具体阐述。如秋海棠，“性喜阴湿，宜种背阴阶砌，秋花中此为最艳，亦宜多植”；芙蓉，“宜植池岸，临水为佳；若他处植之，绝无丰致”；杜鹃，“花极烂漫，性喜阴畏热，宜置树下阴处。花时，移置几案间”。花木选种应在符合植物生态特征的基础之上，充分考虑其与园林中其他景观的相互配置。[illegible][illegible]栽植不仅具有美化园林的作用，而且应兼具分割空间、营造意境的功能。如植柳，“更须临池种之。柔条拂水，弄绿搓黄，大有逸致”；松柏，可植“堂前广庭，或广台之上，不妨对偶”，而山松应植“土岗之上”，使之“涛声相应”；槐、榆，“宜植门庭，板扉绿映，真如翠幄”；青桐，“株绿如翠玉，宜种广庭中”；竹，“宜筑土为垅，环水为溪，小桥斜渡，陟级而登，上留平台，以供坐卧，科头散发，俨如万竹林中人也”。总之，园林花木的位置、式样、色彩都应因地而异，各得其益，使长伴者“忘老”、暂居者“忘归”、游览者“忘倦”，真正起到令人赏心悦目、神清气爽的作用。

配置园林植物除了要体现一般设计意图之外，还要满足园林花木的生态要求。植物种类繁多，具有独特的形态、色彩、风韵，应根据季节和时令变化培养种植，为园林创造出“四时不断，皆入图画”的意境。《长物志》中对兰花曾有这样一段记述，“四时培植，春日叶芽已发，盆土已肥，不可沃肥水……夏日花开叶嫩，勿以手摇动……秋则微拨开根土，以米泔水少许注根下……冬则安顿向阳暖室”，讲究四季采用不同的培育方式，遵循植物生长规律，才能保持花木的生命力。春季枝丫嫩绿，应注重施肥浇水；夏季繁花似锦，色香俱备；秋季花败叶落，侧重保护根基土壤；冬季防寒抗冻，宜将盆栽植物移置室内。另外，恰当地进行物种搭配，能使园林之景四季不同、阴晴有别。如紫薇，“四月开，九月歇，俗称‘百日红’。山园植之，可称‘耐久朋’”；葵花种类甚多，以“初夏花繁叶茂，最为可观”；秋海棠，“秋花中此为最艳，亦宜多植”；腊梅，“磬口为上，荷花次之，九英最下，寒月庭除，亦不可无”。巧妙合理地配置植物，顺应时节变化栽植或娇媚、或坚韧、或苍郁、或疏淡的花木，不仅造就千姿百态的园林美，而且赋予园林以灵动的神韵和气质。

本章小结

无论是园林建筑的功能与布局，还是各种建筑材料的质地与纹样，《长物志》中都有十分详细的记载，主要讲求“随方置象，各得所宜”。中国园林崇尚自然，视山水为园林的灵魂，人工理水务必做到“虽由人作，宛如天开”，旨在实现“一勺则江湖万里”之意境。此外，建筑与山石的关系是共融共生，山石造景使得园林景致更加和谐完美。树木和花卉因其形、色、香而被赋予不同的性格和品德，在园林造景中显示其象征意义。本章从居室、水池、山石和花木等方面揭示文震亨“各得所适”的造园思想。

第五章
"虚实相生，格韵兼胜"

第一节 "因景互借"

中国园林虽以自然景观为主体，但园林建筑是造景中心，一庭一阁、一桥一廊处处发挥着成景、点景的作用。在造园设计中，环境条件是创造物态景观、产生景观效果的必要前提，园林建筑与自然环境的关系处理不得当，景观的美学意境就难以形成，艺术价值就无法彰显。传统园林建筑在整体形态、尺度体量和造型色彩等方面与周围的自然环境相互融合、和谐共生，为自然景色增添了无限美感。计成在《园冶》中提出著名的论断"巧于因借，精在体宜"，被作为中国古典园林建造的首要技法，备受历代造园者推崇。所谓"因借"，"因"即凭借、根据，随所在的地形、地貌、地势来设计园林，顺应于自然，遵循自然条件而顺势构筑[illegible]"即利用，既要使园内的山、石、水、花木及建筑[illegible]之间相互映衬得体，[illegible]景致巧妙"借"入，构成一个和谐而充满生命意蕴的整体景观。在"师法自然"的基础之上，因景互借体现了传统审美意识对园林艺术的影响和渗透。

一、随宜

文震亨在《长物志》卷一《窗》篇中说："窗忌用六，或二或三或四，随宜用之。""随"，即顺从。"宜"，取适合、适当之意。"随宜"，就是指人根据自然环境的不同条件随机应变，包含着自然对人的限制和人对自然的顺从，在此基础上充分发挥人的主体审美能力，对大自然进行合宜的改造。“随”旨在依据环境特点创造有特色的建筑形体，“宜”则通过人工点染使大自然与园林景观交相辉映，二者是将空间的规整性与意境的多样性完美融合的有效手段。在中国古典园林设计中，“随地所宜”是一种灵活应变的设计手法。经过历代造园技法的传承，这种造园理念不断渗透到园林景观设计的每一个环节。中国古典园林建造的全过程都是以“随形就势，合宜得体”的理念贯穿始终。

首先，从房屋建筑角度来看，建筑的用途及其周边自然环境对园林设计风格造成一定程度的影响。对此，文震亨在《长物志》中有详细叙述。诸如“楼阁作房闼者，须回环窈窕；供登眺者，须轩敞宏丽；藏书画者，须爽垲高深”，依据楼阁的不同用途明确其空间布局的样式。楼阁，用作居住的应小巧玲珑，供登高远眺的需要宽阔敞亮，用于收藏书画的必须地势较高、干燥通风；“丈室宜隆冬寒夜，略仿北地暖房之制，中可置卧榻及禅椅之属”，指出丈室的内部空间布置应注重防寒保暖，加强建筑的功用性；“筑台忌六角，随地大小为之，若筑于土岗之上，四周用粗木作朱阑，亦雅”，台是古代园林中的游观建筑，应依地形而建，可用古雅的栏杆进行装饰；“或傍檐置窗槛，或由廊以入，俱随地所宜”，山斋的设计应根据空间环境进行整体规划；“广池巨浸，须用文石为桥，雕镂云物，极其精工不可入俗。小溪曲涧，用石子砌者佳，四旁可种绣墩草”，水域宽阔，应架设桥梁，与“广池”恢宏的气势相呼应，水体体量较小，则用碎石堆砌岸边即可，并缀饰花木来营造恬淡意境；“驰道广庭，以武康石皮砌者最华整。花间岸侧，以石子砌成，或以碎瓦片斜砌”，通行的大路和散步的小径需要选用不同石材来装饰，才能彰显出其特有的韵味和品格。例如，武当山复真观，东靠狮子山顶峰，西麓坡地之下是陡峭的九渡涧，地形极不规整。该建筑依据地势安排功能空间，形成刚柔并济、张弛有度的空间氛围，在理性中带着灵性。

其次，从花木选种、培植的过程来看，文震亨在《长物志》卷二《花木》篇中说：“乃若庭除槛畔，必以虬枝古干，异种奇名，枝叶扶疏，位置疏密。或水边石际，横堰斜披；或一望成林；或孤枝独秀。草花不可繁杂，随处植之。”他强调树木栽植应随地理位置而有所不同，最忌讳过繁过杂。如在庭院前台阶下和槛边，种植几株罕见的古树，造型疏密有致，为园林增添几分古朴气息。对于园林中各式各样花草的栽种地点，《长物志》中也多有记载。玉兰“宜种厅事前”，“碧桃、人面桃差久，较凡桃更美，池边宜多植”，“李如女道士，宜置烟霞泉石间”，“杏与朱李、蟠桃皆堪鼎足，花亦柔媚。宜筑一台，杂植数十本”，“千叶者名‘饼子榴’，酷烈如火，无实，宜植庭际”，“芙蓉宜植池岸，临水为佳”，“俗名‘栀子’，古称‘禅友’，出自西域，宜种佛室中”，这些都成为园林中栽花选址的要诀。

二、就势

唐朝诗人柳宗元在《至小丘西小石潭记》[illegible]：“其岸势犬牙差互，不可知其源。”“势”，指自然界的现象或形势。“就势”即意味着顺应现有自然条件，则事半功倍。根据园林空间主题旨趣的要求，“就势”则是借环境之优势，巧妙缀以建筑、山石、花木，实现以小见大、以少博多的艺术效果。我国江南地区景色秀丽，为古代造园提供了得天独厚的地理条件和自然环境。特别是明代末期，江南地区的园林文化蓬勃发展。当时的造园大师多为文人、画家，他们大都具备较高的文学修养和较深的绘画功底。生机勃勃、灵气盎然的自然美景，经过这些造园艺术家们的精心锤炼、巧妙加工，转变成一种“令居之者忘老，寓之者忘归，游之者忘倦”的写意山水园林。纵观明清以来著名的江南古典园林遗址，其造景艺术的成功在于江南造园匠师能够结合自然环境的特征，营造出“一峰则太华千寻，一勺则江湖万里”的美学意境。

在园林中栽植花木，其形态、色泽、香味都能引起游览者无尽遐想。对于松，文震亨认为：“山松宜植土岗之上，龙鳞既成，涛声相应，何减五株九里哉？”“五株”指秦始皇所封泰山“五大夫”松。《史记》卷六《秦始皇本纪》载：“始皇东行郡县，乃遂上泰山，立石，封，祠祀。下，风雨暴至，休于树下，后封其树为五大夫。”“九里”则指生长于西湖的九里松。《西湖志》载：“唐刺史袁仁敬守杭，植松以建灵、竺，左右各三行，苍翠夹道。”将山松栽植于土坡山岗之上，成片的松林随风舞动，阵阵风声回荡山谷。青松、高岗令人产生对崇山峻岭的联想，其雄壮气势绝不亚于泰山“五株”和西湖“九里松”。对于乌臼，文震亨以为：“秋晚，叶红可爱，较枫树更耐久，茂林中有一株两株，不减石径寒山也。”其中，“石径寒山”引自唐代著名诗人杜牧的诗歌——《山行》：“远上寒山石径斜，白云生处有人家。停车坐爱枫林晚，霜叶红于二月花。”乐府民歌《西洲曲》中有“日暮伯劳飞，风吹乌臼树”的诗句。这种植物夏季开花，秋天树叶呈红色，并且持续的时间比枫树更长。在园林中种植一二株乌臼，深秋时节分外艳丽，恰似枫林掩映，令人仿佛身处“石径寒山”之中。

“就势”这一原则在园林建筑设计上也有所体现。例如，北京颐和园的佛香阁位于山腰之上，依山脉而筑台，前端顺应排云殿之起势，后端依托无梁殿之收势，与山体相融合，愈发突显王者风范。对于利用地形、地貌、地势构筑园林景观，《长物志》中也多有记载，如卷一《阶》篇中说：“复室须内高于外，取顽石具苔斑者嵌之，方有岩阿之致。”文震亨认为，套房的室内应高于室外，进入的阶梯要用布满苔藓的古石镶嵌装饰，充分运用天然石料的色泽与质地营造悠悠山谷的深远意境。此外，建筑内外空间布局也应利用自然之势。如对于丈室，文震亨指出：“前庭须广，以承日色，留西窗以受斜阳，不必开北牖也。”丈室，出自《维摩诘经》，指狭小的房间。古代文人常常以丈室形容小居，一禅椅、一木桌、一卧榻、一沓旧书，勾勒出隐逸文人墨客的居室布局。在丈室前设置宽敞的院落，西面开窗迎接落日的余晖，这是充分利用日光来改善居室内部照明条件的佳作之一。

三、巧借

借，《广韵》中的解释为“假借也”。相较于之前的“随宜”“就势”，“巧借”则是指造园艺术家发挥主观能动性，控制自然、调动自然的审美活动。借景，就是通过巧妙构思和创新技法，把园内、园外的美景借到游览者观赏的范围中来，这就要求造园家们有效地组织建筑空间，去捕捉不同时节的景观意趣。

在园林中养花、供石、制作盆景，借入自然景物以“近观”，在中国古代造园历史中有着悠久传统。文震亨在《长物志》卷二《花木》篇中称：“红梅绛桃，俱借以点缀林中。”花开时节，繁花[illegible]园林，营造出一派[illegible]。在《菊》篇中称：“吴中菊盛时……必觅[illegible]，用古盆盎植一枝两枝，茎挺而秀，叶密而肥，至花发时，置几榻间，坐卧把玩，乃为得花之性情。”菊花茎干挺拔，枝叶茂密。在其盛开之时，一定要寻觅独特品种，用古色盆盂栽植一两株，至花开时将其放置于几案卧榻间把玩欣赏，这样才能体味花的品性情致。“藕花池塘最胜，或种五色官缸，供庭除赏玩犹可”，藕花植于池塘最美，或者植于官窑瓷缸内，置于庭院赏玩。菊花，品种繁多，色泽艳丽，花形多变，为不慕世俗、节操高尚的志士仁人、文人骚客所钟爱。藕花即莲花，隐喻君子，中国古典园林中多种植这种植物，认为它是洁身自好、不同流合污的高尚品德的象征。文震亨主张在园林中“借”入这些花木，营造一种清新脱俗的艺术氛围。《周礼》注称：“周公植璧于座。”可见，供石之风可追溯到很早以前。到后来，以奇石置于几案，用石料装饰挂屏、座屏，这种设计风格逐渐普及。《长物志》卷三《昆山石》篇中述“出昆山马鞍山下……间有高七八尺者，置之大石盆中”，在《土玛瑙》篇中述“出山东莞州府沂州……嵌几榻屏风之类”。盆景，作为极富自然情趣的东方艺术精品之一，浓缩了我国独特的古典园林艺术美学。它具有生动的造型、独特的构思，是自然风貌与人文精神的再现。文震亨在《长物志》卷二《盆玩》篇中说：“盆玩，时尚以列几案间者为第一，列庭榭中者次之，余持论则反是。最古者以天目松为第一……其本如臂，其针若簇，结为马远之‘欹斜诘屈’、郭熙之‘露顶张拳’、刘松年之‘偃亚层叠’、盛子照之‘拖拽轩翥’等状，栽以佳器，槎牙可观。”他认为，将盆景置于庭院楼台不失为一种时尚之举。在园林中引入最为古朴的天目松，其树干如臂，针叶如簇，自然形成画家马远的“倾斜弯曲”、郭熙的“豪放粗犷”、刘松年的“交错层叠”、盛子照的“低拽高飞”等各种形状，用上等的钵盂进行培植，造型参差错落，格外雅致，给人以美的享受。

第二节 “虚实相生”

清代文人笪重光在《画筌》中说：“空本难图，实景清而空景现；神无可绘，真境逼而神境生。位置相戾，有画处多属赘疣；虚实相生，无画处皆成妙境。”“虚实相生，无画处皆成妙境”，这一画论在中国历史悠久，具有鲜明的民族特色。虚实，一般指笔墨的有无、多少，或者以直接描绘为实，间接映衬为虚，或者以有限为实，无限为虚。虚和实是对立的双方，但在一定条件下二者会相互转化，正如宋代画家李澄叟在《画山水诀》中说：“稠叠而不崩塞，实里求虚；简淡而恐成孤，虚中求实。”“实里求虚”，体现出虚空之妙尽可以从实处得来的画理所在；“虚中求实”，将不着笔墨处的虚空衬托成美妙的境地。二者相互结合是实现“虚”“实”矛盾对立统一的途径，也是中国画所特有的美学精髓所在。

中国园林设计深受“虚实相生”这一概念影响，历代造园艺术家都强调疏密、虚实关系在造园构图中的重要性。“实景”是指布置在园中的建筑、山石、水体、花木等景观，是空间范围内的现实之景。“虚景”是指“实景”以外没有固定形状、色彩的景观，如月影、花影、树影、风声、雨声、鸟语花香、云雾、日月星辰等形成的艺术境界。实景空间是有限的，而虚景空间是无限的。中国古典园林中，无论是景观布置，还是建筑结构乃至空间布局，都要做到有疏有密，有虚有实，彼此形成鲜明对比，以增强艺术效果。例如，空旷的庭院中以小亭点缀，是虚中求实；茂密的丛林中留有一片空地，则是实中求虚。虚实空间上的对比变化严格遵循“实者虚之，虚者实之”的规律，因地而异。

一　掩映

在中国传统园林设计上，古人娴熟地运用“掩映”这种手法来实现空间结构层次的变化。“掩映”之中的“掩”是遮蔽的意思，“映”是显露的意思，二者说明景观元素之间相互隐显的关系。在园林景观布置中，山峦崖壁、树木花卉、楼台亭阁的方位和造型变化，形成近景、远景、俯景、仰景，丰富了景观层次，产生独特的艺术效果。例如，苏州环秀山庄就充分运用这种造园手法，在狭小的空间中叠山植木，使建筑高低错落，与树木和山石交错相映，韵味无尽。

在中国古典园林中，水是最不可缺少、最富有魅力的一种造园要素。大型水体有滔滔不绝之势，给人以恢宏壮丽的美感；小型水体有虚涵明澄之美，给人以舒畅空旷的感受。无论体量大小，水都可以使人的视线无限延伸，在感观上扩大了空间。大体量水体的造型，可增加景物和空间的层次，使人有幽深之感。如《长物志》卷三《瀑布》篇所述："尤宜竹间松下，青葱掩映，更自可观。"园林中，最适宜在竹林松树之下建造瀑布，流动的水体在青翠掩映之中更加唯美，造成潺潺流水的虚境。对于小空间水景的处理，可以运用建筑和绿化遮蔽曲折的池岸，造成池水无边的视觉假象。《长物志》卷一《街径庭除》篇中记载"花间岸侧，以石子砌成，或以碎瓦片斜砌者"，卷三《柳》篇记载"更须临池种之"。花木间的小道、池水岸边，用石子铺砌，或用碎瓦片斜着嵌砌，再以杨柳点缀，能令人产生无尽的遐想。

建筑是中国古典园林重要的组成部分。居住和赏玩是园林建筑的两大基本功能。除此之外，园林建筑还兼具分割空间的重要作用，这体现出园林建筑功能的多重性。如照壁，即"玄关"，通常设置在古代民居的第一道外门后或者室内厅堂正中间。照壁源于古代的风水学说，是独具特色的中式园林建筑之一。就功能而言，它既可以遮挡外人的视线，又可以烘托宅邸的气势。《长物志》卷一《照壁》篇中说："得文木如豆瓣楠之类为之，华而复雅，不则竟用素染，或金漆亦可。青紫及洒金描画俱所最忌。亦不可用六，堂中可用一带，斋中则止中楹用之。有以夹纱窗或细格代之者，俱称俗品。"他认为要选用纹理深刻的木料来做照壁，才最能彰显出华丽与雅致之美，若用没有纹理的木材来做，则全部涂以白漆或者清漆。最忌讳用青紫色描画或者以碎金箔做装饰。照壁不能用六面，厅堂可用长幅的，室内就只在当中设置。有的用夹纱窗或者细木格子代替，都流于低俗。照壁，这种特有的建筑形式，体现出中国文人含蓄、内敛的真性情。此外，大体量的建筑容易给人造成压迫和壅塞的感觉，尤其在较小的空间中这种现象更加明显。苏州沧浪亭的看山楼就很好地解决了这一问题，造园者选用树木和山石对次要的建筑进行遮掩，在改善环境的同时，给游览者增添了空间想象余地。

二、映衬

映衬，是修辞学中的辞格之一，指并列相反的事物形成鲜明的对比。运用对比手法来突出主体，是映衬的核心内容。在园林空间设计中，古代造园艺术家们善于利用对比手法来衬托、渲染主题景观，极大地增强其艺术感染力。例如，苏州拙政园的留听阁位于一片荷塘旁，山石环绕，影波浮碧，如遇雨天则能够听见雨滴击打荷叶的声音，以动衬静，渲染出一种寂静、空灵的意境。

在园林布景方面，恰当地运用配景以衬托、突出主景，既要在造型、色彩等方面形成对比，又要兼顾相互呼应、浑然一体的景观效果。如文震亨在《长物志》卷一《阶》篇中说"种绣墩或草花数[illegible]披，映阶傍砌"，在石缝间隙里种上[illegible]或者野花，枝叶纷纷，披挂在石阶上[illegible]眼中，刘禹锡《陋室铭》中的"苔痕上阶绿"更[illegible]韵味，郁郁葱葱的草配园内台阶而种植，显示出勃勃生机。《长物志》卷一《山斋》篇说"绕砌可种翠云草令遍，茂则青葱欲浮"，沿着山斋的屋基全部种满翠云草，夏日茂盛时就会苍翠葱茏，随风浮动。以翠云草的“青葱欲浮”为配景，更加衬托出山斋的宁静幽远。

在园林意境营造层面，多运用以小见大或以动衬静的技法，使各种造景元素相互协调。文震亨在《长物志》卷三《水石》篇中说“一峰则太华千寻，一勺则江湖万里”，造一山，可以再现壁立千仞之险峻，设一水，能够想见江湖万里之浩渺，以精微的景致彰显博大的气势。又如卷二《竹》篇中的描写：“种竹宜筑土为垅，环水为溪，小桥斜渡，陟级而登，上留平台，以供坐卧，科头散发，俨如万竹林中人也。”文震亨认为竹子最好是栽种在用土垒筑的高台之上，四周引水成溪流，置小桥横渡，然后拾级而上，留平台供人坐卧，游览者披头散发，置身其间，俨然林中仙人。以“竹格”寓“人格”，表现文人气节。通过山竹、溪流、小桥等景物的搭配，营造出幽远雅致的境界。

三、疏密

在我国古代画论中有“疏可走马，密不通风”一说，疏即稀松，密即紧凑，这就要求在画面构图上，密处重山叠峦，以浓墨重彩突出厚重凝练的画风，疏处不着一笔，以大量留白展现无限风光，不画人只见曲径通幽，不画水却现波澜万丈，给人留下广阔的想象空间。疏与密，在艺术创作中既相互矛盾，又完美契合。中国古代造园讲求“疏密有致”，强调园林的景观设置和空间布局都要做到既有稀疏浅淡处，又有茂密浓重处，收放自如，别有一番情趣。例如，北海琼华岛的平面布局就呈现出这种疏密变化，从南山到西山、北山、东山建筑的布局由密到疏，再由疏到密，形成节奏强烈的景观变化。其他如网师园、留园、豫园等著名江南园林，也都采取疏密相间的技法，产生了很好的艺术效果。

涉及疏密布置，《长物志》卷二《竹》篇中有这样一段记载：“种竹有‘疏种’‘密种’‘浅种’‘深种’之法。疏种谓三四尺地方种一窠，欲其土虚行鞭；密种谓竹种虽疏，然每窠却种四五竿，欲其根密；浅种谓种时入土不深；深种谓入土虽不深，上以田泥壅之如法，无不茂盛。”种竹，有“疏种”“密种”“浅种”“深种”四种方法，疏种是指间隔三四尺种一窠，使其根能有自由伸展的空间；密种是指每窠必须有四五株，使其茎秆能密集相生；浅种是指栽种时不宜入土过深；深种是指在根上必须培植泥土加以保护。可见，在植物的栽种和培育上，疏处与密处应合理安排，该稀疏的地方就要着意于“疏”，即使“疏能走马”也不能空洞无物；该密集的地方就要大胆地“密”，即使“密不通风”也不致闭塞不通。园林景观布置的关键在于从全局上把握“疏密有致”，疏与密的关系既是相对的，又是统一的，不能把“疏”或“密”当作完全孤立的两个部分来处理，要实现“疏中有密，密中有疏，疏中有疏，密中有密”。

传统园林设计是一门空间造型艺术，园林建筑的总体布局和位置经营也得遵循疏密有致的原则，要有疏有密、相辅相成。如《长物志》卷十《椅榻屏架》篇的描述：“斋中仅可置四椅一榻，他如古须弥座、短榻、矮几、壁几之类，不妨多设，忌靠壁平设数椅，屏风仅可置一画，书架及厨俱列以置图史，然亦不宜太杂如书肆中。”居室内只能放置四把椅子，一张卧榻，其他的诸如佛像、短榻、矮几、壁几等，可以多[illegible]
[illegible]屏风只能立一画，书架及橱柜可同时置备，用来存贮书画典籍，但不宜过于繁杂。稀松的椅榻，紧凑的装饰，这种室内空间布局上的疏密变化较为强烈，达到了突出主体的效果。明代文人多为诗书画“三绝”的艺术家，其居室空间装饰，都体现出超凡脱俗的精神境界，以及对“适志”“自得”的追求。实用舒适、朴实简单的陈设布置，

更能体现人们向往独立、自由、闲适、浪漫的生活艺术和唯美情趣。

第三节 “格韵兼胜”

中国古典文人园林的主人是士大夫知识分子，他们当中不乏著名文学家或书画家，他们营造的供居住和赏玩的私家园林是其文化思想和文学修养的再现。作为晚明时代的知识分子，文震亨面对摇摇欲坠的王朝，只好选择隐逸遁世投身于经营古雅天然的物态环境。品玩赏鉴、吟诗作画成为他表达理想和无限忧思的方式，也成为他捍卫知识分子人格的武器。《明画录》曾经说他 “画山水兼宗宋元诸家，格韵兼胜” 。他或憩息于庭院，饮酒自酌；或流连于沿壑涧水，亲近自然；或如飞鸟萦绕于翠丛，来去自如。回归田园，崇尚自然，是古代文士的一种追求，正如《长物志》卷十《位置》篇中所提到的：“云林清秘，高梧古石中，仅一几一榻，令人想见其风致。”这是反映文人士大夫审美意趣的即兴之作，表现了他们远离尘世、优游林下的精神诉求和孤高傲岸、落落寡合的生活态度，以及以诗文书画自娱、逃避现实的状态。

一、意动

意动，用法是古汉语重要语法现象之一，“意”就是“主观认为”，即主观上对某种事物的认知状态。意动用法实质上是主观上的感觉或评价，如《伤仲永》中的“邑人奇之，稍稍宾客其父”， “宾客其父”即“以宾客之礼待其父”，又如《桃花源记》中的“渔人甚异之”， “异之”即“以之为异”。就中国古典园林而言，建筑及其他各造园元素基本都是静态的，通过人的情感体验，将其化为动态意象，从而增强空间的生动性和形象性，即“化静为动”，这也是以景传情、营造意境的重要手法之一。中国园林被称为“凝固的诗，立体的画”，它是同传统文化和美学艺术紧密相关、不可分割的。中国传统文人造园，重视神韵，将其恬静淡雅的意蕴、浪漫飘逸的气质、朴实无华的情感与诗情画意相互融合，展现一种朦胧含蓄之美。中国古典园林通过空间的组合、过渡、转化和碰撞，结合游览者视觉、听觉、触觉的现实感受，构建富于诗意的园林景观，呈现幽深隽永的美学效果。

《长物志》卷一《琴室》中有这样一段描述：“古人有于平屋中埋一缸，缸悬铜钟，以发琴声者。然不如层楼之下，盖上有板则声不散，下空旷则声透彻。或于乔木修竹、岩洞石室之下，地清境绝，更为雅称耳。”古时有人在平房的地下埋一口大缸，里面悬挂铜钟，用此与琴声产生共鸣。但比不上在楼房底层弹琴的效果，由于上面是封闭的，声音不会散，下面是空旷的，声音更加透彻。或者将琴室设在大树、修竹、岩洞、石屋之下，地清境净，更具风雅。琴室为主人抚琴之所，是一处全封闭的空间。琴室一般设置在数层之下，房屋的大小应适宜，过大则声音容易分散，过小则声音显得沉闷。最好的琴室应为下层空旷，上层有楼板，周边配有树木、山石、泉水的房屋。可以说，琴声的高低起伏能给人一种旋律感，使本来静止的空间具有“流动”的特性。这种时空合于一体的“流动”美，正是中国传统园林建[illegible]内涵。无论是在规整式空间布局还是在自由式空间布局中，门、檐、廊、亭、榭、馆等都起着重要的连接和贯通作用，它们就像旋律上跳动的一个个音符，是建筑流动空间不可缺少的重要组成部分。此外，中国古典园林中还常常借植物传达情趣和营造意境。例如，福州“西湖八景”之中的“荷亭晚唱”和“仙桥柳色”，借用荷花和柳树烘托出“人行柳色花光里，身在荷香水影中”的意趣。无论是从视觉角度，还是从听觉、嗅觉等角度，都很好地营造出美轮美奂的诗画氛围。

二、婉曲

婉曲，即采用委婉曲折的方式和含蓄闪烁的言辞，流露或暗示想要表达的本意。文学作品讲究含蓄，古人品鉴文学作品时曾有一段精辟的言论：“文有三等：上焉藏锋不露，读之自有滋味；中焉步骤驰骋，飞沙走石；下焉用意庸长，专事造语。”不以直白的语言词句来表情达意，而运用欲放还收的技法，使意在言外，让读者自行体味其中的玄妙，这样的作品才称之为佳作。如李清照《凤凰台上忆吹箫》上阕：“香冷金猊，被翻红浪，起来慵自梳头。任宝奁尘满，日上帘钩。生怕离怀别苦，多少事、欲说还休。新来瘦，非干病酒，不是悲秋。”从室内的萧寂、无心整理锦被、懒于梳妆打扮，足见主人翁生活的百般无聊。“欲说还休”则将无限的“离怀别苦”都强压下来，暂不表露。明明是抒发离别相思之苦，却拐弯抹角地用“非干病酒，不是悲秋”之类的托辞，这恰是隐微婉曲的最佳写照。李商隐的《嫦娥》中写道：“云母屏风烛影深，长河渐落晓星沉。嫦娥应悔偷灵药，碧海青天夜夜心。”通过细致刻画嫦娥的寂寞凄凉，暗喻人才的孤寂、惆怅，将“高处不胜寒”的感受借诗情表达得淋漓尽致，从而引发读者的共鸣。该诗成为咏叹嫦娥的千古名篇，婉曲含蓄，蕴藉无穷。

这种婉转曲折的创作技法在中国古典园林设计中也经常见到，特别是传统建筑的空间设计，要做到有曲有藏、有深有密，方能含蓄有致。例如，留园的“五峰仙馆”就很好地运用曲折收放的手法，突出了建筑空间的宽敞明亮。“五峰”源于李白的诗句“庐山东南五老峰，晴天削出金芙蓉”。“五峰仙馆”是留园中部一处较大体量的建筑，造园者将其置于小体量的建筑群之中，既要保证建筑中有充分的光线，又要能拓展建筑的视觉空间。文震亨在《长物志》中也强调园林造景的“曲”，如卷一《海论》篇中说“凡入门处，必小委曲”，“小委曲”是指小有曲折。但凡进门之处，一定要稍有曲折，不能太直。在进入室内的时候，应由曲径过渡到开阔、明朗的空间，通过空间的收放对比突出室内的敞丽。又如“楼梯须从后影壁上，忌置两旁，砖者作数曲更雅”，“小溪曲涧”、楼阁也要“回环窈窕”，这些曲径、曲池、曲楼，大大增加了景物的层次，可以在有限的空间内呈现出丰富的风景画面，使园景更富有趣味。通过清新自然的美景，含蓄曲折地表达出设计者大古大雅的审美观照，用意巧妙，深婉厚重。空间之“曲”，是使景致曲而藏之，不全部显露出来，其实质就是欲露先藏。在园林景观设计方面，我国古代造园家吸收中国画含蓄有致的创作理论，运用“山重水复疑无路，柳暗花明又一村”的抑景手法，将一些重要的景观掩藏起来，园林的主景与高潮部分不是一目了然，而是“犹抱琵琶半遮面”。如此委婉曲折，藏露得宜，能使整个游览过程出现某种戏剧性跳跃，从而增强了园林空间的艺术感染力。

三、雅格

雅，即高尚、美好。《汉书·张禹传》中的“忽忘雅素”，清人纪昀的《阅微草堂笔记》“亦有雅人深致也”中的“雅”皆取此意。格，即品格、格调。唐代诗人李中的《庭苇》一诗中有这样的句子：“品格清于竹，诗家景最幽。”雅格，指高雅的人举止不俗，品格高尚，这是古代文人志士格心与成物之道的重要原则之一。随着人类文化意识的加强，精神世界和情感世界的丰富，传统园林的功用不再仅仅局限于居游赏玩，而上升为承载哲学思想和文化艺术的平台，成为人类身心共修的场所，所以托物言志才是中国传统园林空间意境营造的核心目标。例如，无锡惠山东麓的寄畅园，其布局精妙得当，清幽古朴的自然山林风貌极富野趣。由于毗邻惠山寺，造园者运用借景、叠山、理水的手法，将重峦叠嶂、湖光塔影引入园内，营造出自然、和谐、灵动的园林意境，寄托了园主追求朴素生活的向往。

借造景抒发意趣是中国传统造园艺术的核心思想。文震亨在《长物志》开篇卷一《室庐》篇就提道："吾侪纵不能栖岩止谷，追绮园之踪，而混迹廛市，要须门庭雅洁，室庐清靓，亭台具旷士之怀，斋阁有幽人之致。"由于世俗的羁绊，文震亨对不能栖居山林、追寻古代隐士踪迹的现状大为感叹，他认为即使混迹于凡尘俗世，也一样要做到门庭雅致，屋舍清丽，亭台楼阁的布局设计要兼具文人情怀和隐士风致。卷一《茶寮》篇中写道："构一斗室相傍山斋，内设茶具，教一童专主茶役，以供长日清谈、寒宵兀坐；幽人首务，不可少废者。"在园林内构筑一间小屋与山居相毗邻，设为茶室。雇佣小工煮茶，专供白天夜晚清谈闲聊时的茶水。茶，在中国最早的文字记载可以追溯到《神农本草经》："神农尝百草，一日遇七十毒，得茶以解之。"唐代中期，饮茶风气开始盛行。借品茶之机，畅叙人生，抒发志趣，是文人士大夫雅致生活所不可或缺的一部分。又如在卷二《紫荆棣棠》篇中说："余谓不如多种棣棠，犹得风人之旨。"棣棠，又名清明花，每年四五月开花，花色金黄，多丛植于路边、花篱或花坛边缘，别具一番韵味。

在《长物志》中，文震亨还详细地指出士大夫心物观照的标准。如园林建造"若徒侈土木，尚丹垩，真同桎梏、樊槛而已"，对于过分追求高大豪华、色彩艳丽的居室，他将其喻为脚镣手铐、鸟笼兽圈，其厌恶之情溢于言表；若玉簪植于盆石中，则“最俗”；若将锦川、将乐、羊肚石“直立一片”，“亦最可厌”；相较于古旧样式的屏风，“若纸糊及围屏、木屏，俱不入品”。可见，对于不古不雅的景观、器物，文震亨一概摒弃，直言不讳地斥之为“最俗”“可厌”“不入品”。

第四节 “合式配就”

中国古典园林艺术特征之一是追求深层次的和谐与完整，不仅强调园林景观与建筑的相互配合，而且室内陈设家具与环境意境也要有所呼应。这种对从大到小各个层次空间的审美追求，体现出中国古典园林逐级精雕细琢的艺术逻辑。如《红楼梦》第十七回描绘潇湘馆精致的园景和室内家具，指出室内装饰艺术品也要与每一具体环境严格匹配：“（贾政）问贾珍道：‘这些院落屋宇，并几案桌椅都算有了。还有那些帐幔帘子并陈设玩器古董，可也都是一处一处合式配就的么？’贾珍回道：‘那陈设的东西早已添了许多，自然临期合式陈设。’”贾政吩咐贾珍，居室内除摆放几案桌椅之外，还应将各种装饰艺术品的式样及位置逐一匹配，得体合宜。“合式”，即符合一定的规格、制式。明代谢肇淛在《五杂俎·人部一》中说：“余在福[illegible]为合式。”“合式配就”，在此是指家具的尺度和式样必须与居室的空间和风格相互匹配。明代晚期，文人造园艺术家们不再拘泥于恢宏空间的拓展，而是钟情于“壶中天地”的精巧、和谐及完整。顺应这种趋势，室内空间中每一处细微的景观要素，都必须完全融入整个园景体系之中。各种室内陈设、饰品的配置日益成为造园艺术的重要内容。在中国古典园林中，往往通过书画楹联、文玩古董等诸多器物相互协调配置的艺术手法，传达士人阶层特有的理想人格和文化传统。

一、题景

室内空间环境经常用书画点题，尤其是在文人私家园林中，其内容多是寓意祥瑞、规诫自勉、抒怀言志的。书画作品的浓淡相间、疏密有致、刚柔并济，提升了室内空间环境的艺术文化格调，具有极大的审美价值。中国书画创作在晚明进入巅峰时期，继承宋元艺术传统，其创作技法、艺术风格都达到非常娴熟的境地。无论是宫廷还是民间，在室内悬挂书画作品的做法风靡一时。园林室内空间为书画展示提供了场所，造园的意境也因此而达到自然美、建筑美、绘画美、艺术美的高度统一。

根据节日或时令变迁而悬挂不同内容的书画作品，可以产生不同的艺术效果。文震亨在《长物志》卷五《悬画月令》篇中，对于挂画有这样的论述，“岁朝宜宋画福神及古名贤像，元宵前后宜看灯、傀儡”，应时应景，挂画的内容彰显出浓厚的节日喜庆氛围；又如“正二月宜春游、仕女、梅、杏、山茶、玉兰、桃、李之属……六月宜宋元大楼阁、大幅山水、蒙密树石、大幅云山、采莲、避暑等图……九十月宜菊花、芙蓉、秋江、秋山、枫林等图，十一月宜雪景、蜡梅、水仙、醉杨妃等图”。春天可悬挂百花竞秀的图画，诸如杏花、桃花、山茶花等，寓意春暖花开，万物复苏；夏天可悬挂以亭台楼阁、湖光山色为主题的图画，重点描画荷、菱之类，营造清爽宁静的意境，缓解燥热不安的情绪；秋天可悬挂枫林、菊花图，最能体现幽远寂寥的心境；冬天可悬挂描绘梅花、水仙等花卉的图画，以皑皑白雪为背景，更能突出傲立雪中、不畏严寒的雅洁精神。所以应“随时悬挂，以见岁时节序”。可见，园林居室内悬挂的绘画作品，题材大多为写景状物之类，创作手法讲究含蓄、凝练。中国绘画作品多以山川之美喻人格之美，同时从自然万象中参悟人生哲理，借物咏志，寄托文人士流的朴素品格和高洁操守。文人挂画，是居室空间的重要文化点缀，与其他室内陈设、家具交相辉映、相辅相成，对诠释居室空间的意蕴起着不可替代的作用。在丰富园林文化内涵的同时，挂画本身也体现出文人造园家对自然之趣的追求。尤其在明代末期，书画艺术创作与室内环境营造都古朴雅致，摒弃烦琐堆饰，强调景观要素的整体和谐，格调清新。如文震亨认为：“若大幅神图，及杏花燕子、纸帐梅、过墙梅、松柏、鹤鹿、寿星之类，一落俗套，断不宜悬。”一座古典园林必须配上古雅脱俗的书画，才更加有底蕴、有内涵。

挂画还需要讲究因地制宜，即绘画作品的尺寸须与室内空间的体量相符合。文震亨在《长物志》卷十《悬画》篇中道：“堂中宜挂大幅横披，斋中宜小景花鸟……画不对景，其言亦谬。”敞亮的“堂”中应悬挂大幅山水风景画，能增加室内空间的空旷感，使人感到无比清新和喜悦；较为窄小隐秘的“斋”则应用小画点缀，以花卉、静物、鸟兽居多，不仅能增添室内的生动气息，而且能给人以热情而文雅的感受。大画讲究气势雄壮，小画饱含恬淡惬意，这样才能达到园林宅居观感的总体和谐。在中国古典园林居室空间设计中，悬字、挂画往往还能对主景和环境起到衬托和深化的作用。以旷远幽深的画境使游览者流连驻足，在鉴赏画卷所绘景观的同时感受到[illegible]

二、用典

用典，作为一种古代汉语修辞方法，主要是借一些历史人物、神话传说、寓言故事等来表达某种愿望或情愫。自古以来，传统文化观念与园林居室空间设计就有着密切联系，尤其是在园林建筑室内挂画的题材选取上，强调引经据典，以突出主题。室内装饰挂画的创作内容多为对现实景物的描绘，同时引用适当的典故，将现实与传统相关联，加深作品的文化内涵和历史意蕴，从而增强表现力和感染力，使人既能感受到画者博古的情怀，又能领略到其用典的寓意。

晚明时期，受文人画风的影响，挂画用典既典雅风趣又含蓄有致，通过简洁的绘画语言达到辞近旨远的艺术效果。文震亨在《长物志》卷五《悬画月令》篇中说“三月三日，宜宋画真武像”，古代以三月三日为修禊日，须临水为祭，以消除不祥之兆。“真武”即“玄武”，中国古代的北方之神，源自宋代赵彦卫《云麓漫钞》卷九：“朱雀、玄武、青龙、白虎，为四方之神。祥符间避圣祖讳，始改玄武为真武……后兴醴泉观，得龟蛇，道士以为真武现，绘其像为北方之神。被发黑衣，仗剑蹈龟蛇，从者执黑旗。自号奉祀益严，加号镇天祐圣，或以为金虏之谶。”“真武”象征着威严势力，有驱邪避凶之意。“端五宜真人玉符，及宋元名笔端阳、龙舟、艾虎、五毒之类”，“龙舟”“艾虎”“五毒”皆来自民间习俗。阴历五月初五为“端午节”，又称“竞渡节”，所有竞赛用的船都做成龙的形状。艾虎是用艾草做的香袋，用以避邪除秽。五毒指蛇、蝎、蜈蚣、壁虎、蟾蜍五种毒虫，在端午时节，贴五毒符可以避开毒虫的侵扰。“七夕宜穿针乞巧、天孙织女、楼阁、芭蕉、仕女等图”，农历七月初七，是我国汉族的传统节日——“七夕节”，又名“乞巧节”，东晋葛洪的《西京杂记》有记载“汉彩女常以七月七日穿七孔针于开襟楼，人俱习之”。“织女”本意指织女星，后衍化为神话人物，见于《史记·天官书》：“婺女，其北织女。织女，天女孙也。”牛郎织女鹊桥相会的美丽传说，也给这个节日增添了许多浪漫色彩。在这样的日子里，以朗朗明月为证，女子们祭拜祈福，乞求上苍能赐予她们聪慧的心灵和灵巧的双手，并收获美好的姻缘。“十二月宜钟馗、迎福、驱魅、嫁妹”，“钟馗”是中国神话中能捉鬼除妖的神明。《左传·定公四年》对商朝遗民七族的记载中有“终葵氏”，终葵即“椎”的分解音，终葵氏即以椎驱鬼之氏族。钟馗，即古代“终葵”的谐音。岁末年终之时，民间就有张贴钟馗画像的风俗，寓意“赐福镇宅”“驱鬼除魅”。“腊月廿五，宜玉帝、五色云车等图”，“称寿则有院画寿星、王母等图”，“玉帝”是道教中地位最高、权力最大的神，总管三界和十方、四生、六道的一切祸福。“寿星”是象征长寿的神，语出《史记·封禅书》司马贞索隐：“寿星，盖南极老人星也。”“王母”为瑶池金母，也是长生不老的象征，见于《穆天子传》：“乙丑，天子觞西王母于瑶池之上。”人们对于“玉帝”“寿星”“王母”的供奉朝拜，都是源于对美好幸福生活的渴望。

三、陈设

中国古典园林建筑室内空间设计发展到明代末期，以家具为主体的室内陈设进入到明式风格的成熟阶段，形成了鲜明的时代特色。作为室内环境营造的主角，陈设逐渐在塑造室内环境性格方面起到决定性作用，晚明室内环境营造中陈设的种类、样式、摆[illegible]考虑，进行整体配套设计，从而达到和谐的美学效果。例如，《红楼梦》第三回中详细描写了荣国府正房内的非凡气派：“走过一座东西穿堂、向南大厅之后，仪门内大院落，上面五间大正房，两边厢房鹿顶，耳门钻山，四通八达，轩昂壮丽，比各处不同，黛玉便知这方是正内室。进入堂屋，抬头迎面先见一个赤金九龙青地大匾，匾上写着斗大三个字，是‘荣禧堂’；后有一行小字：‘某年月日书赐荣国公贾源’，又有‘万几宸翰之宝’。大紫檀雕螭案上设着三尺多高青绿古铜鼎，悬着待漏随朝墨龙大画，一边是錾金彝，一边是玻璃盆，地下两溜十六张楠木圈椅，又有一副对联，乃是乌木联牌镶着錾金字迹，道是：座上珠玑昭日月，堂前黼黻焕烟霞。”堂屋中迎面悬挂的是皇帝亲笔御书的匾额，“赤金九龙”也是只有宫廷才能采用的彩绘装饰，室内书画和楹联不仅尺幅较大，而且工艺等级极高。这些陈设的每一个细微之处，无不彰显出贾府主人显赫至极的政治地位及雍容奢华的生活状态。

陈设不同于其他类型的艺术品，其造型、体量及组合方式在明代园林室内环境氛围的塑造中起到举足轻重的作用。正因为陈设在居室空间意境营造中具有不可替代的地位，无论是几案榻椅，还是装饰器具，都绝不仅仅是单一器物的设计，而应寻求在居室空间中与环境整体协调。如文震亨《长物志》卷十《置炉》篇中谈到炉的摆放原则，他认为：“于日坐几上置倭台几方大者一，上置炉一；香盒大者一，置生、熟香；小者二，置沉香、香饼之类；筯瓶一。斋中不可用二炉，不可置于挨画桌上，及瓶盒对列。夏月宜用磁炉，冬月用铜炉。”在常用的坐几上放置一个日式小几，上面放一个炉子、一个大香盒存放生香和熟香、两个小香盒贮备沉香和香饼、一个炉筷瓶。一间屋子不可用两个炉子，炉子不可放在靠近挂画的桌子上，以免熏染书画，瓶子和盒子也不要对列放置，这样就十分俗气。可见，古人除关注单个陈设的体量、材质、纹样等以外，还十分重视陈设与整个居室空间环境的协调统一。晚明时期，文人造园之风盛行，居室陈设更加讲究“古雅相宜”“精巧得当”。如文震亨《长物志》卷十《置瓶》

篇中的论述：“随瓶制置大小倭几之上，春冬用铜，秋夏用磁；堂屋宜大，书室宜小，贵铜瓦，贱金银，忌有环，忌成对。花宜瘦巧，不宜繁杂，若插一枝，须择枝柯奇古，二枝须高下合插，亦止可一、二种，过多便如酒肆；惟秋花插小瓶中不论。供花不可闭窗户焚香，烟触即萎，水仙尤甚，亦不可供于画桌上。”花瓶根据式样大小，摆放在适宜的大小矮几上，春冬用铜瓶，秋夏用瓷瓶，堂屋用大瓶，书房宜小瓶。最好是选用铜瓶、瓷瓶，金瓶银瓶则俗不可耐，也不要有瓶耳，忌讳对称摆放。瓶花讲究纤巧，不宜繁杂。如果单插一枝，要选择奇特古朴的枝干，二枝则要高低错落。室内摆有插花，不可关窗焚香，因为花被烟熏容易凋谢。所有家具、器物等陈设品都必须与室内环境的氛围和意境相匹配。这种匹配，不仅包括器物与器物之间的“相宜”，而且讲求室内陈设与文人气质的“相符”，因为这些陈设在一定程度上是文人士大夫的身份符号和地位象征。

本章小结

传统园林建筑在整体形态、尺度体量和造型色彩等方面必须与周围的自然环境相互因借、和谐共生，这样才能增添美感。深受中国画论“虚实相生”这一观念的影响，中国古代园林设计强调疏密、虚实关系在造园构图中的重要性，实景和虚景相结合，彼此形成鲜明对比，增强艺术效果。结合园林空间语言的独特性，文人雅士灵活地创造出“格韵兼胜”的清居环境，提升传统建筑空间的韵味和感染力，使传统建筑空间散发出迷人的艺术魅力。更值得一提的是，中国古典园林的设计，往往采用将书画楹[illegible]等诸多器物“合式配就”的艺术手法，传达士人阶层特有的理想人格和文化传统。本章重点介绍园林室外空间结构及室内陈设布置的设计技巧与格调，传达文震亨“门庭雅致”的造园思想。

第六章 “制具尚用，厚质无文”

第一节 “精简而裁，藏锋不露”

中国古典园林经过漫长的发展阶段至晚明时期已臻于成熟，人们日益重视室内空间和室内装饰与整座园林的高度协调统一，不断追求在“壶中天地”内营造日益精巧、和谐、完整的景观体系。换言之，室内空间的每一景观要素都必须完全融入整个园林造景体系之中。因此，各种室内陈设和装饰品的配置及其与园景的搭配成为造园艺术家们所关注的重要内容。室内陈设艺术堪称中国古典园林艺术发展的结晶。特别值得一提的是，明代家具造型简洁明快、工艺制作精良、使用功能完备，堪称我国古代家具的巅峰之作。沈春泽在《长物志序》中说：“几榻有度，器具有式，位置有定，贵其精而便、简而裁、巧而自然也。”重点强调室内各种陈设饰品的功用及样式，都须以“精致”“简朴”为准则。此外，明代家具设计中多采用“欲露先藏”的手法，无论是造型、结构还是装饰都蕴含着无限智慧，也是文人隐士内敛性情的体现。这一时期的家具，品种、式样极为丰富，制作工艺已达到相当高的水平，形成了隽永古雅、淳朴大方、优美舒适、韵味浓郁的独特风格。

一、造型简练

深受中国传统文化的影响，明末江南私家园林不仅是当时文人所创造的一种生活和居住环境，而且是一种文化艺术载体。园林建筑以及家具陈设，都被赋予了“简洁”“雅致”“朗逸”“悠然”的审美情趣。当代明式家具研究的著名学者王世襄先生曾提出“十六品”之说来评述明式家具的特色，“简练”这一“品”尤为突出。明式家具实质上是中国传统文人士族文化的一种物化形式，较为典型地传达了中国传统文人士族文化的特点和内涵。江南私家园林的主人大多是通晓诗词歌赋的文人墨客，他们摒弃“重文轻技”的狭隘观念，亲自参与园林内家具的设计与制作，用文人的审美眼光去推敲家具构造式样，为家具注入了更多的文化内涵。明式家具设计长期浸润着文人的特质，散发出浓郁的文人趣味和书卷气息。强调以线条为主的造型特色，是明式家具的灵魂。明式家具外部轮廓的线条变化因物而异，既造型鲜明,又给人以强烈的美感。如明椅的搭脑线形就和中国传统文人“学而优则仕”的观念有着特殊的联系。太师椅（图6-1）、官帽椅（图6-2）都蕴含着士族文人所寄予的仕途通达之意。

图6-1　太师椅

图6-2　官帽椅

在家具的局部处理方面，设计师将各式各样的线条运用于腿足部造型，在相互呼应和富有节奏的组合中表现出独特的美感，使家具获得了鲜明的个性形象。如《长物志》卷六《壁桌》篇的描述，“壁桌长短不拘，但不可过阔，飞云、起角、螳螂足诸式，俱可供佛”，古时壁桌是指靠墙安放的桌子，多用来[illegible]。文震亨认为壁桌的造型可以采用飞云、起角、螳螂腿等多种样式，富于变化的设计能增强景观的视觉效果。又如《长物志》卷六《榻》篇描述："忌有四足，或为螳螂腿，下承以板，则可。"榻下不要做成四只脚，应做成螳螂腿的形状，用木板支撑即可。他主张改用螳螂腿状的弧线形设计，使得几榻的形体构成搭配得当，线型变化协调，获得既变化又统一的完美艺术效果。

在家具造型设计中，只用一种线条进行组合，往往会显得单调乏味，如只用直线会使人感到生硬呆板，而仅用曲线又会使人感到软弱无力。因此家具造型多采用曲直线相结合的方式进行设计。如《长物志》卷六《几》篇的描述："几以怪树天生屈曲若环若带之半者为之，横生三足，出自天然，摩弄滑泽，置之榻上或蒲团，可倚手顿颡，又见图画中有古人架足而卧者，制亦奇古。"用天然弯曲圆弧状的怪树做成几的脚，更能彰显自然古雅之趣，打磨光滑后，放置在榻或者蒲团之上，可用来搁手靠头，古人也曾经在躺卧时用来搁脚，形制奇特古雅。可见，明式家具的线条变化丰富，既满足人的需求又别具神韵。此外，各种线脚的变化和运用，也是明代家具线条艺术之美的独特表现手法。如《长物志》卷六《天然几》篇的描述："飞角处不可太尖，须平圆，乃古式。"几案两端起翘的飞角要平滑，不可太尖，这才是古朴的样式。将各种直线、曲线进行搭配组合，使线与面交接，凹凸效果鲜明，极富艺术情趣。对于那些俗气的造型，文震亨一概摒弃。如《书桌》篇的描写："凡狭长混角诸俗式，俱不可用，漆者尤俗。"桌面狭长、圆角等样式，都不可以采用，上了漆的尤其显得庸俗。这些线条的运用，增添了明式家具造型的趣味和神韵，给人以不同的美的享受。

二、结构精当

明式家具，以其精湛的工艺、精妙的结构、独特的设计而闻名遐迩。《长物志》卷七《器具》篇中说：“古人制具尚用，不惜所费，故制作极备，非若后人苟且，上至钟、鼎、刀、剑、盘、匜之属，下至隃糜侧理，皆以精良为乐，匪徒铭金石、尚款识而已。”可见，古代器具制作极其精致，从钟、鼎、刀、剑、盘、匜到笔墨、纸砚等，都不能马虎粗糙。

设计师根据不同的功用设计不同的结构，使家具牢固而精巧适用，表现了高超的家具制造技巧。《长物志》卷六《架》篇有这样的描述：“书架有大小二式，大者高七尺余，阔倍之，上设十二格，每格仅可容书十册，以便检取；下格不可以置书，以近地卑湿故也。”他认为书架可分为大小两种不同的样式，大型书柜应高至七尺左右，宽为高的两倍，分为十二格，每格只能放十册书，便于取放；因为靠近地面容易受潮，所以下面几格不适宜放书。又如《长物志》卷六《床》篇的描述：“永嘉、粤东有摺叠者，舟中携置亦便。”折叠床收放自如，携带方便。卷六《脚凳》篇的描述：“长二尺，阔六寸，高如常式，中分一铛，内二空，中车圆木二根，两头留轴转动，以脚踹轴，滚动往来，盖涌泉穴精气所生，以运动为妙。”将常用的凳子逢中分为两格，车制两根圆木，穿入其间，两端露头做轴，脚蹬轴上来回滚动，可以按摩涌泉穴，达到增加精气的功效。通过对细部进行巧妙设计，制作独特的家具样式以满足人们生活的各方面需求。

文震亨注重家具功能与形式的完美结合，其中，最值得称道的是关于家具连接部位的描述。《长物志》卷六《交床》篇记载：“交床即古胡床之式，两脚有嵌银、银铰钉圆木者，携以出游，或舟中用之，最便。

图6-3　胡床

图6-4　交椅

交床是一种能折叠的坐具，也称之为胡床（图6-3）、交椅（图6-4）、绳床。两脚交叉，用销钉相连接，带着外出游玩或坐船时用，最为便利。针对不同的部分设计不同的连接部件，进而达到坚固平整、浑然天成的艺术效果，这也正好与我国古典园林中木结构家具的独特风格一脉相承。

《长物志》卷六《橱》篇中记载："铰钉忌用白铜，以紫铜照旧式，两头尖如梭子，不用钉钉者为佳。"文震亨特别强调铰链要用紫铜做成梭子形的仿旧样式，最好不用钉钉。运用榫卯构造技术，不用钉子以防锈，这种做法不仅科学环保，而且使得家具造型彰显空灵、轻巧的意蕴。可见，明代造园艺术实践者将家具制造工艺发挥得淋漓尽致，为世界木工工艺做出了不朽贡献。

三、装饰适度

作为我国古代家具的典范，明式家具设计考究、制作精良、装饰适度，完美实现了形式与功能的高度统一，具有独特的古典艺术美。这种艺术美实质上是对当时社会物质精神文明的一种反映。明式家具装饰多以素面为主，少而精致。家具的外表常饰以小面积的精细雕镂，点缀在适当的部位，与大体量的整体造型形成张弛有致的对比。《长物志》卷六《天然几》篇的描述：“不则用木，如台面阔厚者，空其中，略雕云头、如意之类；不可雕龙凤花草诸俗式。”文震亨指出，在几案台面宽厚的地方，可以略微雕刻一些云头、如意之类的图样，切不可雕刻庸俗的龙凤花草之类的纹样。论及日本人制作的台几，文震亨则称之“俱极古雅精丽，有镀金镶四角者，有嵌金银片者，有暗花者，价俱甚贵。”又如《长物志》卷六对箱的描写：“又有一种差大，式亦古雅，作方胜、缨络等花者，其轻如纸，亦可置卷轴、香药、杂玩，斋中宜多畜以备用。”在稍大一点的箱子表面，可以绘制方胜或各色首饰等图样，轻巧如纸，式样也极其古雅可爱。《长物志》卷七对香盒的描写：“香合以宋剔合色如珊瑚者为上，古有一剑环、二花草、三人物之说，又有五色漆胎，刻法深浅，随妆露色，如红花绿叶、黄心黑石者次之。”剑环、花草、人物是指雕刻的纹样，刻有这三种纹样的红色雕漆盒才能称为上品。秀美雅致的纹样，简洁适度的雕镂，与硬木自然朴素的纹理相得益彰，使明代家具装饰具有一种天然之美和含蓄之韵。

根据室内空间景观设计的整体要求，家具的端部、底部位置可以进行恰如其分的局部装饰，起到烘托和点缀的作用，但是绝对不能喧宾夺主。如《长物志》卷六《屏》篇的描述：“以大理石镶下座精细者为贵，次则祁阳石，又次则花蕊石。”文震亨认为，在下座以精细的做工镶嵌大理石，是最古雅的屏风式样，祁阳石、花蕊石则次之。《长物志》卷七《手炉》篇的描述：“脚炉旧铸有俯仰莲坐细钱纹者；有形如匣者，最雅。”在手炉和脚炉制作工艺中，通常炉的装饰纹样为镂空雕刻，纷繁复杂，非常精美。文震亨认为有简单的莲花座细铜钱花纹的脚炉，才最符合文人的典雅气质。又如《长物志》卷七《[illegible]角垂流苏者，亦精雅可用。”坐墩是凳类中形象比较特殊的坐具，其造型

图6-5　坐墩

两头小、中间大，呈腰鼓形，因此而得名“鼓墩”。明代的坐墩（图6-5）清秀洁净，常在其上覆盖一方丝绣织物，所以又称之为“绣墩”。文震亨认为在坐墩的四角垂吊穗状饰物，能体现精巧雅致的设计风格。周身的“攒边”也能传达出文人含蓄、内敛的气质，及所追求的空灵超逸之美。整体看来，这些装饰手法都具有朴素与清秀的特色，通过充分利用家具本身的独特造型，进一步发挥润饰作用，不仅打破了平直呆板的格调，而且增添了隽永典雅的艺术效果。

第二节　“重简素，忌浮华”

晚明江南地区的私家园林，既是文人直接创造的一种隐逸遁世的居住环境，又间接展现当时的一种民俗生活及文化艺术形态。基于文士们在社会上所处的特殊政治、经济、文化地位，他们努力追求一种简朴、素雅、疏朗、高逸的审美情趣和生活理想。为了追求园林的整体和谐，室内陈设饰物的风格必须和园林风格相统一。这一时期，文人造园艺术家主张“重简素，忌浮华”。简素，意指简约朴素，见于《宋书·裴松之传》：“松之年八岁，学通《论语》《毛诗》，博览坟籍，立身简素。”浮华，即俗世的华丽，喻指外表动人而内在空虚。文震亨在《长物志》卷一《海论》中说“宁古无时，宁朴无巧，宁俭无俗”，他认为物品的选择宁可古旧不可时髦，宁可拙朴不可工巧，宁可简朴不可媚俗。这恰恰印证了明代家具崇尚简洁素雅、反对矫揉奢华的设计思想。

一、宁古无时

“崇古”，即对历史的尊重和传承。我国古典文化史上，尤其是文学和艺术领域中，“崇古”意识普遍存在，并以古风、古言为价值标准，诸如唐代韩愈提倡的“古文运动”，明代“前七子”提倡的“文必秦汉，诗必盛唐”的文学复古运动，无疑都渗透着文学创作领域内的“崇古”情结。同样，家具作为中国传统艺术的表达形式之一，在其设计细节及制作过程中也可以感受到“崇古”的文化底蕴和民族心理。例如，明代文人王士性在《广志绎》中提道：“苏州人聪慧好古，亦善仿古法为之。书画之临摹，鼎彝之冶淬，能令真赝不辨之……尚古朴不尚雕镂，即物有雕镂，亦皆商、周、秦、汉之式。”

遵循“宁古无时”的审美理念，充分考虑人工环境与自然环境的关系，明代造园匠师按自然逻辑依次安排几榻、器具、饰品等的空间秩序，使其具备合理的功能、宜人的比例和恰当的结构。他们崇尚先人的质朴之风，追求大自然本身的朴素无华，注重材料美，以古雅为准则，不盲目追求时尚，在家具的构思、选材和造型等设计阶段，去除了人工雕琢的俗气或匠气，营造出“古朴雅致”的境界。《长物志》卷六《几榻》篇中说：“古人制几榻，虽长短广狭不齐，置之斋室，必古雅可爱，又坐卧依凭，无不便适。燕衎之暇，以之展经史，阅书画，陈鼎彝，罗肴核，施枕簟，何施不可。今人制作，徒取雕绘纹饰，以悦俗眼，而古制荡然，令人慨叹实深。”古代人们所制作的几案、床榻等，长短、宽窄尺寸不尽相同。将其安放至房内，不仅要古雅美观，而且坐卧倚靠都要很方便、舒适。茶余饭后，用此阅览古籍、观赏书画、陈列文物、摆放果蔬，也可躺卧休息。

[illegible]

完全不顾古代家具的规格和制式，是对旧式工艺的一种亵渎。椅子是室内常见的一种家具，其制作不以求新颖、独特为上，而追求古朴、古拙。文震亨在《长物志》中分别描述了椅和禅椅。关于椅，他认为：“乌木镶大理石者，最称贵重，然亦须照古式为之。”关于禅椅，他认为：“以天台藤为之，或得古树根，如虬龙诘曲臃肿，槎枒四出，可挂瓢笠及数珠、瓶钵等器。”禅椅常被用来参禅打坐，是明代十分流行的家具，多选用天台上的野藤或者弯曲粗大的老树根制作，枝蔓横生，可挂瓢笠、佛珠、瓶钵等物，顿生自然古雅之趣，这正是古代家具中人文精神和高超技艺的完美融合。

至于室内陈设器具，其式样和装饰都讲求“尚古”，对于一味追求时髦的做法予以摒弃。如《长物志》卷七《器具》篇中记载：“今人见闻不广，又习见时世所尚，遂致雅俗莫辨。更有专事绚丽，目不识古，轩窗几案，毫无韵物，而侈言陈设，未之敢轻许也。”文震亨强烈否定那些见识不广，而又盲目趋附时尚、不辨雅俗的匠师，不敢苟同于只求华丽、不知古雅的设计风格。香筒，是古代净化室内空气时所使用的一种器具，在明代成为流行的文房清玩。《长物志》卷七《香筒》篇记载：“中雕花鸟、竹石，略以古简为贵。”香筒制作精良、选材讲究，筒面刻有花鸟、竹石等纹样，不失为一种古雅简洁的室内陈设品。又如灯，是中国古代的照明用具。《长物志》卷七《书灯》篇记载：“有青绿铜荷一片檠，架花朵于上，古人取金莲之意，今用以为灯，最雅。”有一种青绿铜古式台灯，形状如在一片荷叶上竖起一枝荷花，古人取金莲之意，用来做灯，非常古雅。随着时代变迁，灯具逐步发展成为兼具实用和审美双重功能的文化象征。可以看出，文人的室内陈设器具突显其品味的古雅和高洁。

二、宁朴无巧

《庄子·天道》有言：“静而圣，动而王，无为也而尊，朴素而天下莫能与之争美。”老庄的道家哲学崇尚璞玉之美，即一种未经文明熏染的美，一种原生态的“大美”。它传递出一种前文明时期的自然、浑朴的审美意趣。从另一角度而言，文明之美代表着人为的修饰，会使事物偏离其本性和本质，是用一种“小美”去破坏事物的“大美”。无独有偶，文震亨在《长物志》中提出“宁朴无巧”的设计准则，强调明式家具不尚巧饰，以其朴素的质地和精简构造取胜。朴素，即质朴，无文饰。明代时期，对家具陈设朴素品性的体味与提炼，实际来源于对文士高洁人格的向往与追求。在文人生活中，自然、恬静、平淡、幽远的状态并非矫情做作所能达到。因此，家具陈设的“朴素”必然渗透于时空之中，在有意无意之间实现，正是文士修养境界的升华。

在器物选材方面，文震亨大力提倡突出材质本色。如明代制几榻，不仅讲求用料，做工也十分精细。以天然几为例，文震亨认为“以文木如花梨、铁梨、香楠等木为之”。厅堂内所用的几案，应直接采用花梨、铁梨、香楠等纹理缜密的木材制作。至于榻，他指出：“他如花楠、紫檀、乌木、花梨，照旧式制成，俱可用。”按照古旧式样及规格，选取花楠木、紫檀木、乌木、花梨木来制作榻都是可以的，特别是“有古断纹者，有元螺钿者”，其样式愈发自然古朴。论及“文房四宝”之一的笔，他认为“惟斑管最雅”，笔筒则“湘竹、栟榈者佳”，还是以斑竹、棕榈直接制成的为佳品。书房内放置这种笔和笔筒，能够在室内营造出生机盎然的景象，使游览者享受自然之美。

在装饰风格上，文震亨尤其反对过分的雕刻纹饰。《长物志》

《香炉》篇描述：“古人鼎彝，俱有底盖，今人以木为之，乌木者最上，紫檀、花梨俱可，忌菱花、葵花诸俗式。”香炉是日常生活中常用的焚香器具，其材质多选用金属、玉石、瓷、陶、紫檀等。古人制作的香炉都有底盖，明代都用木头做成，乌木的最好，紫檀、花梨木也可以，绝对不能使用菱花和葵花等俗气的装饰纹样。又如《长物志》卷七《镜》篇的描述，“黑漆古、光背质厚无文者为上”，他认为黑漆色古铜镜，厚实而无纹饰的为上品。避免烦琐雕饰，追求自然天成的创作手法给当时园林建筑室内空间的设计思路带来了革命性的变化。

三、宁俭无俗

“宁俭无俗”即追求简朴，切不可流于世俗。明代末期，“简”与“俗”的矛盾不断深化，实质上是日益发展的市民文化对士文化冲击的表现。“俗”，缺乏尊严而显得谄媚，缺乏真诚而显得虚伪，缺乏独立信念而显得盲目从众。所以，“俭”意味着人格上的清高孤傲，不与世俗同流合污。“宁俭无俗”，是明代士人们对高雅与低俗界限的恪守，更突显其清雅的艺术趣味及审美性格。为了与文人造园艺术家的品格、意趣相契合，明代家具的设计思路也超然于世俗之外，突破死板僵硬的制作工艺体系。

文人的简雅淳朴，是《长物志》中贯穿始终的审美理念。在器具、陈设的布置上，文震亨坚决反对繁杂。《长物志》中多处描述家具摆设的数量都是取“一”为佳，处处彰显出文人崇俭的品格。如对坐几的描写“几上置旧研一，笔筒一，笔觇一，水中丞一，研山一”，在书案上置备一个古旧的砚台，一个笔筒，一个试笔碟，一个水盂，一个砚山；对置炉的描写“于日坐几上置倭台几方大者一，上置炉一；香盒大者一，置生、熟香”，在常用的坐几上放置一个日式小几，上面放一个炉子、一个存放生香和熟香的大香盒。在家具式样方面，文震亨主张既简洁又大方，忌讳窄长形状的样式。其中，以书桌为典型代表，《长物志》卷六《书桌》篇载：“书桌中心取阔大，四周镶边，阔仅半寸许，足稍矮而细，则其制自古。凡狭长混角诸俗式，俱不可用，漆者尤俗。”书桌的桌面应宽大，四周的镶边只需要半寸左右，桌腿稍矮而细，这样的规格制式才最自然古朴。桌面狭长、圆角等样式，都是不可采用的俗气设计，若上了漆则更俗。又如榻，他认为“一改长大诸式，虽曰美观，俱落俗套”，椅更是“宜阔不宜狭”。按照旧式规格制作的榻、椅，若将其改成长大的样式，虽然壮观但难免落入俗套。几的样式繁多，用途也各不相同。在室内家具的布置上，其样式、色泽、材质也是各有特定的规范。如天然几，“近时所制，狭而长者，最可厌”，对于新近制作的那种窄长的几案，文震亨认为最差。又如台几，“红漆狭小三角诸式，俱不可用”，红漆的和狭窄的三角形样式的，都不可取。

文震亨反对过度装饰，他认为这样便落入俗套，缺乏趣味。如《长物志》卷七对香筒的描写：“若太涉脂粉，或雕镂故事人物，便称俗品，亦不必置怀袖间。”香筒，是为贮存香料而设，所以用透雕法制作，使其散发香味于居室之中。旧式的香筒，如果脂粉气太重，或者雕刻上人物故事，那就是很俗气的做法，文震亨认为断然不可用。笔格，又称笔架，是文房常用器具之一。《长物志》卷七《笔格》篇记载：“俗子有以老树根枝，蟠曲万状，或为龙形，爪牙俱备者，此俱最忌，不可用。”古时有人将老树根盘曲成各种形状（有的为龙形）制作笔架，这是最忌讳的。从明代室内陈设装饰特征来看，以简素高雅的风格为主，更能彰显文人潇洒脱俗的气质。

第三节 “随方制象，各有所宜”

明代那些质朴文雅、不尚矫饰的家具陈设，既是对中国传统家具艺术的传承，又能反映特定时空中士人的生活状态。换言之，中国古典园林室内空间的布设是一种更贴近明代士人生活的审美观察，与园林建筑类型、环境变迁、人文特征相互呼应，是决定室内家具类型和布置的先决条件。《长物志》卷一《海论》篇说，“随方制象，各有所宜”，是指应根据物品的类别采用相应的形式，使其各得所宜，这是明代文人对室内陈设的审美取向及对环境营建的诉求。无论是家具的布置格局，还是陈设的造型制式，都需要依据其所处的客观条件，自然而成与其相适应的人文景观。

一、因地制宜

“因地制宜”，指根据具体情况，制定或采取适宜的措施，出自汉代赵晔的《吴越春秋·阖闾内传》：“夫筑城郭，立仓库，因地制宜，岂有天气之数以威邻国者乎？”明代室内陈设家具的选择和摆放也遵循“因地制宜”的原则，即必须做到陈设家具与房室建筑的类型特点相互适宜，相辅相成。从空间功能角度来规范居室陈设布局，主要应当讲究家具、饰品、器物等室内用具用品的彼此呼应与相互协调。

书斋，是明代文人聚集之所。在晚明时期，读书对于文人而言不再是严肃刻板的课业，而是陶冶情趣、怡神养性的乐事。与读书生活相适宜的家具和器物陈设，无一不体现出主人的生活品味与审美意趣，体现出整个晚明士人的闲情逸致。《长物志》中对斋中陈设家具有这样一段记述："仅可置四椅一榻，他如古须弥座、短榻、矮几、壁几之类，不妨多设，忌靠壁平设数椅，屏风仅可置一面，书架及橱俱列以置图史，然亦不宜太杂，如书肆中。"四把椅子可以接待访客，会见朋友；一张卧榻适合阅读、小憩；其他如佛像座、短榻、矮几、壁几之类的摆设，便于品玩赏鉴；单独设置一面屏风，能起到灵活划分空间的作用，私密幽静的空间氛围更适合文士的书卷气质；同时置备书架和橱柜，用以收藏书画典籍。可见，书斋中所有的器具陈设既要便于主人阅古籍、会文友，又要彰显其雅洁高尚的文士情怀，这样才能更好地营造出一种兼具知性与美感的文人清居境界，游览者也可以感受到明代文人对美好生活的不懈追求。

卧室，是主人休息的地方，其室内布局尤应格外讲究。《长物志》卷十《卧室》篇中指出："西南设卧榻一，榻后别留半室，人所不至，以置薰笼、衣架、盥匜、厢奁、书灯之属。榻前仅置一小几，不设一物，小方杌二，小橱一，以置香药、玩器。"卧榻置于西南方向，不论就古代风水学而言，还是从饮食起居方式考虑，都是比较好的选择。主人在平和、安宁的居室环境里，能够得到安稳的睡眠，从而有利于身体健康和心情愉悦。卧榻与墙壁之间留出一个空巷，用来贮放熏炉、衣架、盥洗梳妆用具及书灯等物，给主人提供了一个相对私密的整理空间。卧榻前只摆放一个小几，上面不要摆放任何东西，另外置备两个小方凳、一个小橱柜贮放香药、玩物。卧室内人性化的陈设布置，不仅营造出一种温馨舒适的氛围，而且显现出简洁素雅的文人意蕴。

亭榭与斋、室所处的自然环境又不相同，因而家具、器物的陈设也就往往需要随之调整，旨在营造出符合文士雅趣的生活环境。《长物志》卷十《亭榭》篇中指出："亭榭不蔽风雨，故不可用佳器，俗者又不可耐，须得旧漆、方面、粗足、古朴自然者置之。露坐，宜湖石平矮者，散置四傍，其石墩、瓦墩之属，俱置不用，尤不可用朱架架官砖于上。"亭台水榭，因其结构的特殊性，不能遮蔽风雨，所以，内置器物用具不能选用精致的桌凳，否则容易损毁，但也不能使用过于粗俗的器具，一些厚实耐用、古朴自然的桌凳是最合适的摆设。如果是露天的场所，应用矮平的太湖石，将它们散放在四周，最忌讳用官窑砖铺在朱红架子上做坐凳。将构造结实、粗犷古朴的家具布置于亭榭之中，既经久耐用，又能与园林中的山石花木相映成趣。

二、因时制宜

“因时制宜”，指根据不同时期的具体情况而采取适当的措施，出自《淮南子·氾论训》：“器械者，因时变而制宜适也。”明代士人志存高远，一贯向往自然随性的闲赏生活。闲赏生活即一种休闲的生活，以求获得美的享受和心灵的舒畅。正是这种对“清雅”“脱俗”的追求使明代文人士大夫毕生崇拜“自由”“性灵”，铸就了这一时期在工艺美术领域的杰作。

由于季节更迭，自然风景各异，室内家具、器物的陈设也必须随时而变，讲究与时间的配合协调。如明代学者高濂在《四时幽赏录》中曾有这样的记述：“春时幽赏：虎跑泉试新茶，西溪楼啖煨笋，八卦田看茶花。夏时幽赏：空亭坐月鸣琴，飞来洞避暑。秋时幽赏：西泠桥畔醉红树，六合塔夜玩风潮。冬时幽赏：雪夜煨芋谈禅，扫雪烹茶玩画。”又如《长物志》卷十中对敞室的描述：“长夏宜敞室，尽去窗槛，前梧后竹，不见日色，列木几极长大者于正中，两傍置长榻无屏者各一，不必挂画，盖佳画夏日易燥，且后壁洞开，亦无处悬挂也。北窗设湘竹榻，置簟于上，可以高卧。”到了夏天，由于气温升高，应敞开屋子，窗扇全部撤除，屋前有梧桐树，屋后是竹林，可以避免阳光直射。摆放一个特别长大的木几在屋子正中，两旁各放一张无屏长榻，供主人休憩纳凉。至于书画，在夏天也不应悬挂，因为室内的高温容易致使书画受损。最好在朝北面的窗户下摆放一张斑竹榻，铺上草席，可以躺卧，不至于受到西风斜日的侵扰。又如，《长物志》卷十中对坐具的描述："湘竹榻及禅椅皆可坐，冬月以古锦制褥，或设皋比，俱可。"斑竹榻和禅椅都可以用来当作坐椅，但是时至冬日，这样的材质会令人稍感寒冷，应选用古锦面的坐垫或者铺垫虎皮，起到良好的保暖作用，兼具实用与美观双重效果。

在材质选取上，室内器具陈设讲求冷暖交替，四季相宜，自然而成一种刚劲潇洒的风格。香炉，是日常生活中常用的焚香器具。文震亨认为："夏月宜用磁炉，冬月用铜炉。"在中国古代，熏香甚为流行，香炉自然成为文人雅士的心爱之物。根据季节的转换，夏天适合选用陶瓷炉，而冬天则应用铜炉。置香草于炉中缓慢燃烧，散发出阵阵幽香，室内便弥漫着一种优雅柔美的情调，文人在此抒怀言志、吟诗作赋，更显雅致。此外，《长物志》中对置瓶也有类似的论述："随瓶制置大小倭几之上，春冬用铜，秋夏用磁。"花瓶，是一种最常见的室内陈设品，其制作材料有陶瓷、紫砂、铜、铁、木、竹等。室内摆放的花瓶，不仅要选用与矮几大小匹配的式样，而且还应依时更换，春冬宜用铜瓶，秋夏应用瓷瓶。

三、因人各异

"因人各异"，指因人的不同而有所差异。就室内空间布置而言，家具陈设要适应不同性格、不同气质的需要，体现不同的用途。文人士大夫是传统儒学的继承和发扬者，是社会道德礼仪的捍卫者。明代中晚期，商品经济日益发展，社会政治环境相对稳定，因此一种以物质消费为基础的“消费文明”逐渐成长壮大起来。晚明的文人们不堪忍受现实的压抑，以主动的姿态投入饮食男女、声色犬马的世界中。一方面，文人是严肃刻板的老学究，另一方面他们也可以成为风流倜傥的鉴赏家。与前朝各代的文人相比，明代晚期的文人更加积极地参与生活方式的经营，他们竭思尽智地追求物质的享受，营造“闲情逸致”的生活情调。当时，还有相当一部分文人曾在家具的设计和制造上提出经典的论述。如曹明仲在《格古要论》中说道：“琴桌须用维摩样，高二尺八寸，可容三琴，长过琴一尺许。”又如，屠隆在《考槃余事》中讲到一种可以折叠的桌子：“叠桌二张，一张高一尺六寸，长三尺二寸，阔二尺四寸，做二面折脚活法，展则成桌，叠则成匣，以便携带。席地则用此抬合，以供酬酢。”另外高濂在《遵生八笺》中写到一种颇具风雅的“二宜床”：“二宜床，式如尝制凉床。少阔一尺，长五寸，方柱自立覆顶当作成一扇阔板，不令有缝……床内后柱上钉铜钩二，用挂壁瓶，四时插花，人作花伴，清芬满床，卧之神爽意快，冬夏两可，名曰二宜。”由此可见，明代文人雅士所建造的私家园林，必然会受到其特有的生活方式和审美情趣的影响，室内装饰风格必然更具文化品位、更富于文人色彩和个性化。简言之，中国古典园林的美学特色，就在于其中所饱含的人文底蕴，以人为中心，将人与自然、人与审美有机地融合在一起。

文震亨在《长物志》卷十中对坐几这样描述：“天然几一，设于室中左偏东向，不可迫近窗槛，以逼风日……古人置研，俱在左，以墨光不闪眼，且于灯下更宜，书尺镇纸各一，时时拂拭，使其光可鉴，乃佳。”书案，是文人读书、写字所用的案几，是日常生活的常用器具之一。作为一种物质文化和精神文化的载体，它突出体现了中国传统文人的特点和内涵。文震亨认为，书案要摆放在屋里东面偏左的位置，且不要过于靠近窗户，以避免日晒风尘。[illegible]置于书案的左边，为了不使墨汁和灯具反光而花眼。界尺、镇纸需要分别备置一个，时常擦拭，以保持光洁的外表。可见，在各种器具的摆放上，都体现出文人的特有追求，既高雅又委婉，既超逸又含蓄。又如，《长物志》卷十中对卧室这样描述：“室中精洁雅素，一涉绚丽，便如闺阁中，非幽人眠云梦月所宜矣。”卧室内必须简洁素雅，方能符合文人士流隐逸脱俗的气质。如果装饰得绚丽多彩，就如同闺阁，显然有悖于文人恬淡雅致的生活追求，是不适合幽居之人的场所。至于佛室，是供主人作早晚课诵、上香祈祷之用的居室。明代末期，文人深受佛学、禅学思想的影响。在私家园林中设置佛堂，可供文人参禅悟道，使其达到远离凡尘、净化身心的境界。因此，佛堂内器具的布设也要十分讲究。如《长物志》中有这样的描述：“若香像唐像及三尊并列、接引诸天等像，号曰‘一堂’，并朱红小木等橱，皆僧寮所供，非居士所宜也。”香像是指“大力金刚”，三尊是指“释迦”“文殊”“普贤”，接引即“接引佛”。如果将这些佛像并列置于佛室内，且一起用朱红小木橱供奉，这是典型的寺院式陈列，完全不适合文士在家修行。

本章小结

室内陈设艺术是整个园林艺术的重要组成部分。我国明代家具造型简洁明快、制作工艺精良、使用功能完备，堪称巅峰之作。对于园林建筑室内空间的陈设与布置，文人造园艺术家主张“重简素，忌浮华”。无论是家具的布置格局，还是陈设的造型制式，都需要依据其所处的客观条件，自然而成与其相适应的人文景观。本章以园林室内陈设家具为例，重点分析文震亨“精简而裁”的造园思想。

第七章
“旷士之怀，幽人之致”

第一节　《长物志》之“物”

作为中国传统文化的重要组成部分，中国古典园林更加集中地体现出中国古人的生态观念，通过营造和谐的生态环境来传达传统园林的意境美。中国古典园林，既是最具生态艺术的典范性代表，又最能诠释“天人合一”的哲学精神。中国古典园林所体现的“天人合一”思想，其实质在于寻求人与自然的和谐。“物境”即园林中的自然之境，源于自然而高于自然，强调人与自然共生共融，诚如庄子所言：“四时得节，万物不伤，群生不夭……莫之为而常自然。”中国传统园林生态环境营造主要通过动物、植物、山水、建筑等各种造园要素来实现，巧妙地将人工造景和自然景观相结合，形成一个良好的生态环境。

一、动境

明代末期，“天人合一”“返璞归真”的禅宗思想渗入到文人士流的造园创作实践中。这一时期造园强调遵循自然规律，实现人与天地万物合而为一，旨在营造生态化人居环境。明末吴江著名造园匠师计成所著《园冶》，曾被誉为我国古代第一本造园专著，书中多处有对动物的论述，如：“养鹿堪游，种鱼可捕”（《园冶·园说》），“好鸟要朋，群麋偕侣”（《园冶·山林地》），“悠悠烟水，淡淡云山，泛泛鱼舟，闲闲鸥述：“语鸟拂阁以低飞，游鱼排荇而径度，幽人会心，辄令竟日忘倦……庶几驯鸟雀，狎凫鱼，亦山林之经济也。”园林中，鸟儿掠檐低飞，鱼儿排萍畅游，则可令雅士舒心，流连忘返，毫无倦意。所以驯养鸟雀、戏弄游鱼，是隐居山林的必备技艺。文士乐意与鸟兽鱼虫为伴，寻求人兽亲和、物我同一的审美境界。

在文人墨客的私家园林中，大多适当畜养一些动物。将动物作为一个重要造景要素加以应用，并赋予其深厚的中国传统文化内涵，可以深化园林空间的意境。如《长物志》卷四中对鹤的描述：“鹤，华亭鹤窠村所出，其体高俊，绿足龟文，最为可爱……空林野墅，白石青松，惟此君最宜。其余羽族，俱未入品。”鹤，体态高俊，绿足龟纹，特别可爱。文人士大夫身处旷野山居，所见为石岩松林，只有驯养鹤才最为适宜，其余水禽都不够格。自古以来，鹤一直被视为出世之物，是吉祥和高雅的象征，这是鹤作为一种文化现象的延伸。又如文震亨认为百舌、画眉“于曲廊之下，雕笼画槛，点缀景色则可”。将百舌、画眉置于曲径回廊、雕梁画栋之下，鸣啭动听，用来点缀景色，委婉地道出文人士流向往广阔大自然的心声。结合园林山水及建筑，以某种动物为主来营造富于自然野趣的生态环境，可以更好地满足园主融入自然的心理需求。

深受古代文化、哲学思想的熏陶，文人造园艺术家在园林设计和观赏中注重动物的形象、习性，动物配置与建筑造景都要与人的道德情操结合起来。又如百舌、画眉，文震亨认为：“繇蛮软语，百种杂出，俱极可听，然亦非幽斋所宜。”百舌、画眉经过人工驯养之后，能发出各种叫声，非常悦耳，但都不适合文人所居的幽静之室。至于鹦鹉，“此鸟及锦鸡、孔雀、倒挂、吐绶诸种，皆断为闺阁中物，非幽人所需也”。鹦鹉十分聪慧，能学人说话，是古代殷实人家必养的一种鸟。然而，鹦鹉及锦鸡、孔雀、倒挂、火鸡等，与文人气质完全不符，所以只能成为闺阁中的玩物，不是隐者雅士所需之物。动物为中国古代园林增添了无限生机与活力，营造出返璞归真、浑然天成的物境，也成为古代文人士流高洁情怀的象征。

二、静境

建筑、山石、花木等各种造园要素所构成的景观，从本质上说，都是一种静态美景。有些造园艺术家，以奇木、怪石创作各种动物造型，令人触物生情，引发联想。如无锡寄畅园的九狮台、扬州的九狮山、苏州网师园冷泉亭中展翅欲飞的鹰石，以及粉墙、漏窗和洞门等处栩栩如生的鸟兽形象，借助创作者的想象力和游园者的感受力，以形达意。园林中的屋舍亭榭、山林植物与其他动态景观正好相辅相成，使得静中有动，动中有静，营造出生气勃勃的景象，最终令游览者的内心情感得到升华，参悟天人合一的哲理。

为营造自然风景式园林，中国古典园林设计善于利用空间布局，在建筑造型上努力追求“得体”，配合各式山石、花木，自由组合、对比渗透、穿插错落、灵活多变，最终达到“因境构景，融入自然”的美学效果。如《长物志》卷一中对斋的描述：“中庭亦须稍广，可种花木，列盆景……庭际沃以饭瀋，雨渍苔生，绿缛可爱。绕砌可种翠云草令遍，茂则青葱欲浮。前垣宜矮，有取薜荔根瘗墙下，洒鱼腥水于墙上引蔓者。虽有幽致，然不如粉壁为佳。”斋，是文人燕居之室。斋前的中庭需稍广阔一些，可以栽植花木，摆设盆景；庭院里生出厚厚的苔藓，青翠可爱；沿着庭院的屋基种满翠云草，到夏日时则繁茂青葱；前面的院墙应该做得较矮一些，以白色粉墙为佳，也可以将薜荔草的根埋在墙下，藤蔓顺墙攀缘，别有一番幽深的韵味。古代园林中设斋，一般建于园之一隅，借用林木的遮掩营造幽远静谧之境。对于英石，《长物志》卷三中指出：“出英州倒生岩下，以锯取之，故底平起峰，高有至三尺及寸余者，小斋之前，叠一小山，最为清贵。”英石，造型雄奇突兀，嶙峋俊俏，有气势迫人的动感。在斋前用英石堆砌一座小山，以山的宁静自守来比喻仁者，最为清雅。

在园林中，建筑与地形地貌应实现完美协调，若能赋予其高低错落、起伏变化的韵律节奏，则产生良好的景观效果。如《长物志》卷一中对台的描述：“筑台忌六角，随地大小为之，若筑于土岗之上，四周用粗木，作朱阑亦雅。”台，是古人用来登高、观景的一种建筑物。一般根据地面大小来确定台的体量，如果依山岗建台，四周应用粗木做栏杆，并且漆成朱红色，这样才能突显其素雅的气质。可见，利用地形优势、依据环境特色筑台立基，是中国古代园林成景的一种重要手法。

三、虚境

从园林建筑结构、环境空间格局、人文情感关系的角度来看，“动静结合、有虚有实”的意境完全符合中国古典园林的审美情趣和艺术要求。通过运用以“点”成“线”、以“线”带“面”的表现手法，园林中鸟兽虫鱼、山水草木、楼阁亭榭相映成趣，形成一幅优美的自然风景画。以造型轻巧的建筑点缀山池林木，可以使自然风光变得丰富生动起来。文震亨在《长物志》卷一《广池》篇中指出“最广者，中可置台榭之属，或长堤横隔，汀蒲、岸苇杂植其中”，在池中最广阔的地方“可置水阁，必如图画中者佳”

畔或位于水中，开阔宁静的水面倒映出周围的建筑，呈现虚实相生之美。亭台是空间构图中的“点”，辅以草木相伴成“线”，勾勒出深邃而极具山林意趣的画面。

依托泉、池、瀑等动态水体造型，在园林中增添鸟兽虫鱼等动态景观要素，与其他静态景观相互协调，能营造出幽远的意境。文震亨在《长物志》卷三《小池》篇中有这样的记述：“阶前石畔凿一小池，必须湖石四围，泉清可见底。中畜朱鱼、翠藻，游泳可玩。”在台阶前、假山旁开凿一小水池，四周用太湖石砌边，在池中饲养一些金鱼，种植水草，鱼儿嬉戏于清澈见底的池水之中，与山、石相互辉映，可供观赏。又如《长物志》卷四中对观鱼的描述：“宜凉天夜月、倒影插波，时时惊鳞泼刺，耳目为醒。至如微风披拂，琮琮成韵，雨后新涨，縠纹皱绿，皆观鱼之佳境也。”在凉爽的月夜观鱼，别有一番美景：水映月影，鱼儿穿梭腾跃，鳞波闪闪，令人耳目一新。至于清风徐徐，泉水潺潺，碧波荡漾，都是观鱼的绝佳环境。古人临水观鱼，既是在观赏游鱼弄影的自然意趣，又是在享受隐逸遁世的幽居之乐。 除了鱼之外，还有禽鸟也常常浮游或涉足于水。如《长物志》卷四中对鸂鶒的描述：“蓄之者，宜于广池巨浸，十百为群，翠毛朱喙，灿然水中。他如乌喙白鸭，亦可畜一二，以代鹅群，曲栏垂柳之下，游泳可玩。”鸂鶒是古代一种类似于鸳鸯的水鸟，适合饲养在宽广的水域，结队成群，绿毛红嘴，呈现出一片灿烂的美景。其他的如黑嘴白鸭，也可以养一两只来代替鹅群，在曲栏垂柳之下游水嬉戏，令人赏心悦目。至于百舌、画眉、八哥之类的飞禽，将其置于“曲廊之下，雕笼画槛”，婉转的鸟鸣映衬幽静的廊榭，使得游览者触景生情，激发对大自然的无尽遐想和无限眷恋。

第二节 《长物志》之“情”

情，指人的思想感情。“情境”，即人沉浸于某种境界中的一种情感状态。中国古典园林发展至明代末期，其设计不再是单一、孤寂的建筑构造，而是综合考虑地理、山川、花木、动物等各种要素，使园林景观布局、形式、色调与文人情怀相得益彰。就中国古代园林艺术而言，“情境”实质上是审美对象与审美心境的统一，具体景观与深邃情思的融合，以有形实景烘托无形神韵，以有限的“壶中天地”再现无限的“旷士之怀”。以情感为线索，古代文人造园不仅注重外在的景观设计，更追求深层次的文化传承。

一、五感观照

“五感观照”，即充分运用人的视觉、听觉、嗅觉、味觉、触觉，更加真实、生动地感受中国古典园林的艺术魅力。集五种感官观照于一身，园林的确是一门综合性的造型艺术。在中国古典园林中，山、水、植物、动物和建筑是主要的构景要素，以对空间形态的塑造为基本表现手法，通过协调各个要素间的相互关系，来激发游园者的真情实感，给人以愉悦的心灵慰藉，这是衡量一座园林设计成功的重要条件。

文人造园匠师们在考量人工环境与自然环境关系的基础上，按照人类活动逻辑来安排亭阁、山水、花木、禽鸟的空间组织秩序。文震亨在《长物志》卷三《广池》篇中有这样的记述：“中可置台榭之属，或长堤横隔，汀蒲、岸苇杂植其中……以文石为岸，朱栏回绕……池旁植垂柳……

中畜凫雁，须十数为群，方有生意。”在最大的水池中可建楼台亭阁，或者筑长堤横隔，堤岸种上葱郁的菖蒲、芦苇等，更加显得水域宽阔浩瀚，一望无垠；将文石堆砌在岸边，并用古朴的木栏环绕，则增添一份华丽雅致之美；池塘边种植垂柳，水中央野鸭、大雁成群，一幅生气勃勃的中国山水画跃然纸上。通过恰当的布局、独具匠心的构思，中国古代园林设计才能达到如此和谐的视觉效果。在园林中造瀑布时，文震亨曾提及：“置石林立其下，雨中能令飞泉喷薄，潺湲有声，亦一奇也。”安放一些石子在池子里，下雨时能形成飞泉喷薄之势，潺潺有声。栽植松树，则讲究“龙鳞既成，涛声相应”。繁华四季芬芳，如瑞香，“香复酷烈，能损群花，称为‘花贼’”；野蔷薇，“香更浓郁，可比玫瑰”；桂花则被喻为“香窟”。至于各种禽鸟“緜蛮软语，百种杂出，俱极可听”，它们常常立于树杈间鸣啭，声音清脆悦耳。可见，以雨声、风声、花香、鸟鸣等虚景衬托实景，使游人心旷神怡，提升了园林的审美境界。论及味觉，文震亨在《长物志》卷十二《香茗》篇中有这样的记述：“香、茗之用，其利最溥，物外高隐，坐语道德，可以清心悦神。”饮茶、品香是文人雅士隐逸山林、优游生活的重要内容，寄托清雅淡泊、悠闲自适的隐士情怀。根据不同的场合，香、茗的选用能产生不同的实用功效和美学效果。诸如，“初阳薄暝，兴味萧骚，可以畅怀舒啸”，晨曦薄暮，心生惆怅的时候，可以舒解心气；“晴窗榻帖，挥麈闲吟，篝灯夜读，可以远辟睡魔”，临帖摹写，闭目吟诵，或者挑灯夜读的时候，可以去除睡意；“青衣红袖，密语谈私，可以助情热意”，女子之间密语私聊的时候，可以增加浓情蜜意；“坐雨闭窗，饭余散步，可以遣寂除烦”，雨天独处，或是饭后散步的时候，可以用来排遣寂寥烦闷。匠师们充分利用人的五感，使人沉浸于中国古代园林所营造的唯美意境之中，去观照中华传统物质文化与士人精神。

二、情感写照

中国古典园林中的“情”，包括社会情感与自我情感。在晚明时期，江南地区文人私家园林本质上是封建传统观念与雅士文化内涵的真实写照。文人造园艺术家将其对现实社会的不满情绪，在隐逸园居中进行宣泄，以实现对宁静、幽远、自由、恬淡生活的追求。

基于特定历史条件、文化背景及造园匠师的意识特征，社会情感必然凝结于中国古典园林的建筑纹样、色彩配搭、布局法则以及结构体系之中。如《长物志》卷一中对门的描述，“门环得古青绿蝴蝶兽面、或天鸡饕餮之属”，门环是门扇的一种点缀，文震亨认为最好用蝴蝶或者天鸡、饕餮等形状的古青铜来做装饰，象征福禄美满、富贵平安，赋予其浓厚的传统文化气息。又如做窗，“漆用金漆，或朱黑二色，雕花、彩漆，俱不可用”。尚简忌奢的社会价值观在明末时期蔚然成风，人们纷纷效仿此种手法。文震亨强调只能用清漆，或者红色、黑色，排斥纷繁冗杂的雕花和彩漆，保持古雅超然的造园风格。深受老庄道家思想的影响，明末江南文人园林的空间布局以清静脱俗、自由随性为准则。如山斋，“或傍檐置窗槛，或由廊以入，俱随地所宜”，依据地势地貌，或者在靠近屋檐处开窗，或者由走廊进入。廊，则“忌长廊一式，或更互其制，庶不入俗”，园林中所构建的长廊不能千篇一律，要有所变化，互不相同，才不至于落入俗套。

相对于社会情感的浸染，自我情感是对中国古典园林多元化、能动性的审美观照。文人造园艺术家通过园林景观营造出一种优雅高洁的文化氛围，游览者置身其中由物及心、由表及里地品味古代园林文化，实现二者情感上的相互碰撞。如种竹，文震亨认为“宜筑土为垅，环水为溪，小桥斜渡，陟级而登，上留平台，以供坐卧，科头散发，俨如万竹林中人”，竹子应栽植在用土垒筑的高台之上，四周引水成为溪流，架设小桥横渡，然后拾级而上，上面留有平台供人坐卧，置身其间宛若林中仙人。通过营造静谧的山林、湍急的小溪，使得游人仿佛遁入仙境。可见，在有限空间与无限情怀之间架设一道桥梁，可以更好地实现中国古典园林意境中情与景的高度统一。

三、情景交融

中国传统园林意境中的“情景交融”，主要是指造园匠师通过对自然景物进行人为借引、加工、装饰，赋予其某种精神情感寄托，令游览者触景生情，产生共鸣，进而领悟到景象所蕴藏的人文情感、哲学观念，在充分享受审美愉悦的同时获得精神上的超脱与自由。赏花，是文人墨客日常生活中的重要组成部分。如赏菊，“至花发时，置几榻间，坐卧把玩”，体味其凌霜盛开、坚贞不屈的品格；赏梅，“花时坐卧其中，令神骨俱清”，引起游览者对暗香盈袖的神韵和傲然独放的风姿的遐想。至于栽植林木，也是文士抒情言志的一种手法，“柔条拂水，弄绿搓黄，大有逸致”，柔韧纤细的柳枝随着轻风拂过水面，黄芽绿叶相映成趣。这些园林景观中，虚与实、主与次、动与静相互衬托，从而达到浑然天成的境界。

江南文人园林之美，不仅仅在于亭台楼阁、水石花木的构建，更在于游览者对园林美感的内在心灵体验，甚至是纯粹个人的一种情感体验。如《长物志》卷九描写小船“系于柳阴曲岸，执竿把钓，弄月吟风”，景观中，一船一草一木不再是孤立的存在，也不再是纯客观的“物”，而是经过造园主概括、凝练而成的“景”，极具典型性，充满寓意。又如，《长物志》卷三中对凿井的描述：“须于竹树下，深见泉脉，上置辘轳引汲，不则盖一小亭覆之。石栏古号‘银床’，取旧制最大而古朴者置其上，井有神，井旁可置顽石，凿一小龛，遇岁时，奠以清泉一杯，亦自有致。”应在竹林之下凿井，深挖引泉，上面设置轱辘提取井水，也可以盖一座小亭将其遮挡，将大而古朴的旧式石栏安置在井台上。因为井有神灵庇佑，在井旁用顽石挖凿一个小型神龛，每逢祭祀时节，园主或者游览者可以一杯清泉祭奠神灵，自有一番闲情雅致。中国古代园林通过这些典型性景观塑造，唤起人们的联想，使人游于其中而恍若置身于真山水中，这是园林建筑以有限寓无限的最高境界。于是，建筑空间成为设计者与欣赏者心理沟通的桥梁。他们共同在景物中寻找寄托，追求象外之意趣，使物境与心境融为一体，从有限的物态景观中感悟到无尽的生命真谛。

第三节　《长物志》之“意”

宗白华先生在《美学散步》中曾指出：“主观的生命情调与客观的自然景象交融互渗，成就的灵境是构成艺术之所以为艺术的‘意境’。”他将意境称为中国古代画家和诗人“艺术创作的中心之中心”。在我国古典园林中，无论是亭台楼阁，还是山石花木，无一不与自然环境和谐共处，这种古朴雅致的自然美，正是古典园林所特有的审美风格和意境韵味之所在。明代末期，文人士流越来越多地参与造园实践，他们更加注重园林景观与环境的协调，通过移景、借景、造景等各种手法，追求一种“由景生情、情景交融”的艺术境界。特别是在江南地区，中国古代文人园林不仅融合了自然美与意境美，而且有着丰富的文化内涵。

一、旷士之怀

随着商品经济的繁荣与发展，晚明社会的风尚与价值观念都发生了巨大转变，人们大多急功近利、物欲至上，奢靡之风盛行。因此，权贵阶级不断追求豪华的园居环境，搜罗精致的器物、奇特的书画等，以彰显自己的身份与地位。文人同时具备良好的文化素养和优越的物质条件，他们则选择另辟蹊径，从艺术审美角度来感受生活、品玩赏鉴。于是，在富庶的江南地区，逐渐形成了一个新的园林艺术发源地。对居于城市的明代文人而言，园林生活无疑是最贴近自然山林的一种生活方式。文人士大夫参与造园，更加注重精巧的构思和合理的布局，使游览者能身临其境，体验花草树木、琴棋书画中的诗意与文趣。

时至明末清初，中国古典园林意境营造中的人文意识发展到巅峰，文人造园艺术家讲求以人为本，满足人的生理、心理需求，从而获得满意的美学效果，诚如文震亨在《长物志》开卷就点明的主旨："亭台具旷士之怀，斋阁有幽人之致。"园林中的亭台楼阁都必须兼具文人的情怀和隐士的风致。明末私家园林在社交领域具有一定的影响力，表现出了人们对名望的追求，积淀了深厚的文化底蕴，是文化精英审美的产物。园林作为一个"场域"，通过文人之间的交流，在一个崇尚奢华与高雅的文化氛围中，将审美意义和名利价值进行充分融合。园林中的文人雅集、诗画创作、收藏鉴赏、演剧娱乐等活动都在一定程度上体现出了文人墨客的高雅情趣。文人作为社会的精英分子，在交流活动中有力地彰显了其身份和地位，园林别业成为精英审美活动的载体，同时也是文人精神最好的栖息地。

二、幽远之境

明末清初，吟诗、作画、赏花、品茶，是文人优游生活的主要内容，体现其清新脱俗的品格追求。这一时期，中国古典园林蕴含着博大精深的传统文化，是“无声的诗，立体的画”。意境，是园林的灵魂。造园匠师借助各种具体要素营造情景交融的艺术境界。

在空间设计中，要将各要素（如造型、灯光、色彩、材质等）有机结合，按照对称、连续、反复的韵律节奏，多样统一的形式美原则进行统一组织和安排，使艺术和自然融为一体，达到“形神兼备”“气韵生动”的境地。

我国古代造园匠师，合理运用动物、植物、山水、建筑等各种要素，巧妙地将人工造景和自然成景相结合，营造一个良好的立体生态环境。园林景观的布局、形式、色调应体现文人情怀。古代文人造园不仅注重外在的景观设计，更追求深层次的文化传承。在我国古典园林中，无论是亭台楼阁，还是山石花木，无一不与自然环境和谐共处，这种古朴雅致的自然美，正是古典园林所特有的审美风格和意境美之所在。特别是在江南地区，中国古代文人园林不仅融合了自然美与意境美，而且有着丰富的文化内涵。

三、天人合一

古代各家关于“天人合一”的论述虽各有异同，却构成了一条互为补充、不断深化的重要发展线索，影响了整个古代中国的文化史、哲学史、美学史和造园史。儒家的“和者，天地之所生成也”，道家的“天地与我并生，而万物与我为一”，佛家的“天上地下，云自水由”等，都坚信人与自然统一的必要性和可能性，尽管包含一些唯心主义的神秘色彩，但这些学说都认为人与自然不应该相互隔绝、相互敌对，而是能够并且应该彼此和谐统一的。强调人与自然的统一性，是中华民族的优秀思想传统，是同中华民族的审美意识不可分离的。这种天人合一的整体观，对于人类的可持续发展颇有启发意义。

中国最伟大的哲学家老子两千多年前就曾有关于世界观的言论：“人法地，地法天，天法道，道法自然。”他主张万物复归其本源，只有回到原始自然的状态才能实现万物和谐。“道”，是一个哲学元范畴。“道法自然”反映在古典园林的造园思想上，是将人的审美心理与人工建造的园林景观及自然界之间融会贯通。在老庄看来，返璞归真是人生的最高境界，也是文化的最高境界，是通过“无为”而“无不为”，因“无为”而“无不为”，达到“天人合一”的境界。文震亨在造园理论上对“道法自然”的设计思想也有所阐述，如在《长物志》卷一《丈室》篇中说：“丈室宜隆冬寒夜，略仿北地暖房之制，中可置卧榻或禅椅之属。前庭须广，以承日色，留西窗以受斜阳，不必开北牖也。”丈室的内部空间布置应注重防寒保暖，庭院要宽敞，便于接收阳光，西面开设窗户，用来接受斜阳等。由此可见，文震亨要求在建造时考虑建筑的使用功能，同时也要注意与自然环境的结合，充分与自然进行“对话”以满足人的需求。“道法自然”的设计思想反映了道家思想的精髓，同时也对世间万物给予了应有的尊重。这一思想隐含着整个宇宙的运行法则，强调了一种对自然的敬意。这是道家哲学中具有决定性意义的观点，它深刻影响了中国的古典园林艺术。

“天人合一”在先秦时期表现为儒道两家的双华映对。荀子主张“伪”，道出了先秦儒家文化的真实。《荀子・礼论》称“无伪则性不能自美"。伪者，人为也。性，"本始材朴"也。在先秦道家那里，只有体悟与表现"本始材朴"之"道"，才是"美"。儒家认为"美"是人工、人为的产物，是与儒家所推崇的伦理道德实践相关的。"美"就是"制天命而用之"。"天命"者，未把握到的、神秘的自然规律。在先秦儒家看来，通过人为实践，尤其是伦理道德实践对其"制而用之"，便是善，也是美。因此，如果说先秦道家所推崇的文化精神境界由于一般地超然于伦理功利而被看作比较接近于纯粹的艺术境界的话，那么先秦儒家由于过多地纠缠于伦理道德而几乎使其美学思想成为一种"伦理的美学"。道家重自然（天道）而儒家重社会（人道）；一以天然胜，一以人工胜；一崇朴素，一主绚丽，均给后世城市和建筑的发展以巨大影响。

白居易《中隐》诗云："大隐住朝市，小隐入丘樊。丘樊太冷落，朝市太嚣喧。不如作中隐，隐在留司官。"安身朝堂的大隐做不到，穷居山林的小隐又难于忍受，于是一些有识之士就选择了"中隐"，通过构建园林达到抒发其人文情怀的目的。文震亨的友人沈春泽在为《长物志》所作的序言中开篇即明确了这一点："夫标榜林壑，品题酒茗，收藏位置图史、杯铛之属，于世为闲事，于身为长物，而品人者，于此观韵焉，才与情焉。"士大夫借品鉴长物品鉴人，构建人格理想，物境的经营彰显个人形象、品质、性情。文震亨在《长物志》卷一《海论》篇中提到："又鸱吻好望，其名最古，今所用者，不知何物，须如古式为之，不则亦仿画中室宇之制"，他要求建筑要严格按照古时的规制建造，不然也应模仿画中房屋的样式。文震亨就是通过以园林为中心，包括对花木、水石、禽鱼、舟车等各种"长物"构成的物态环境的经营彰显和固守作为一个知识分子的人格。物非物，景非景，文人无限的忧思以及自己的人生理想在其构建经营的动态景观园林里得以传神摹写。又如沈春泽在《长物志序》中说："挹古今清华美妙之气于耳、目之前，供我呼吸，罗天地琐杂碎细之物于几席之上，听我指挥，挟日用寒不可衣、饥不可食之器，尊踰拱璧，享轻千金，以寄我之慷慨不平，非有真韵、真才与真情以胜之，其调弗同也。”“供我呼吸”，隐含着文士们对事物和环境的选择标准，不仅排除了诸多俗物，而且给自己所选择的事物定了性，指明了他们对这类物（包括环境、居所等）的依赖和向往；“听我指挥”，是文士们对待物的态度，不是被物役，而是役物，即庄子所谓“物物而不物于物”。官场的失意、士人治国平天下的追求和气度只能在这里加以表达，这是一种平衡之法，有了这种对物的调遣和指挥的快慰，才能找到心灵的平静，才能“寄我之慷慨不平”。

本章小结

古典文人园林从物质上来说可居可游，为文人士大夫提供怡情悦性的独立空间；从精神上来说是园林主人的寄托，一草一木、一泉一石无不凝聚着造园匠师的智慧；从文化上来说，与明代江南地区的诗歌、绘画、书法艺术有着密切的联系，构成了独特的园林文化，在中国古典园林文化中闪烁着炫目的光辉。“应时而动、随地所宜、因人而异、择材施技”是中国古代造物设计的文化观念，决定着设计的风格、面貌、情趣及演变趋势。文震亨提出“巧夺天工，各得所适”，明确了造物标准——“适”，它代表和反映了古代工匠在千万次造物设计实践中不断积淀下来的具有公理性的认知定势。张之洞在《劝学篇·外篇·变法第七》中写道：“不可变者，伦纪也，非法制也；圣道也，非器械也；心术也，非工艺也……法者，所以适变也，不可尽同；道者，所以立本也，不可不一。”他对中国古代的造物观念进行诠释，也提到了“适变”的概念。时代在变，环境在变，社会、经济、技术、价值以及作为造物主体和使用者的人都在变，其核心造物思想——“适”是不变的。在整个文化和社会体系之中，能与时代的呼吸和脉搏同频共振的设计才具备旺盛的生命力。

《长物志》中的造物思想，是晚明社会江南地区商品经济萌芽背景下文人品味精致生活和显露温婉气质的产物，其中蕴含了复杂而幽微的文人心态，是具有生命力的文化遗产。以现代设计艺术学的角度剖析古人的造物思想，继承与挖掘传统文化理念，呼唤潜在的“人文情怀”，逐渐成为当今设计的主流。尊重地域文化、深挖美学理论、提炼纹样符号，将设计重心延伸至其背后隐藏的中国传统文化，将是中国当代园林设计艺术的发展趋势。

参考文献

1. 谷应泰. 明史纪事本末[M]. 北京：中华书局，1997.
2. 范濂. 云间据目钞[M]. 扬州：广陵古籍刻印社，1984.
3. 计成. 园冶[M]. 陈植，校注. 北京：中国建筑工业出版社，1988.
4. 李渔. 闲情偶寄[M]. 上海：上海古籍出版社，2000.
5. 钱泳. 履园丛话 [M]. 张伟，点校. 北京：中华书局，1979.
6. 文震亨. 长物志校注[M]. 陈植，校注. 南京：江苏科学技术出版社，1984.
7. 文震亨. 长物志图说[M]. 海军，田君，注释. 济南：山东画报出版社，2005.
8. 徐菘，张大纯. 百城烟水[M]. 南京：江苏古籍出版社，1999.
9. 张廷玉. 明史[M]. 北京：中华书局，1974.
10. 张居正. 张太岳集[M]. 上海：上海古籍出版社，1984.
11. 曹雪芹. 红楼梦[M]. 北京：人民文学出版社，1982.
12. 陈从周. 园林谈丛[M]. 上海：上海文化出版社，1980.
13. 陈从周. 说园[M]. 上海：同济大学出版社，2000.
14. 陈从周. 中国园林鉴赏辞典[M]. 上海：华东师范大学出版社，2001.
15. 陈从周. 园综[M]. 上海：同济大学出版社，2004.
16. 陈平原，王德威，商伟. 晚明与晚清：历史传承与文化创新[M]. 武汉：湖北教育出版社，2002.
17. 陈植. 陈植造园文集[M]. 北京：中国建筑工业出版社，1988.
18. 冯友兰. 中国哲学简史[M]. 北京：北京大学出版社，1998.
19. 冯钟平. 中国园林建筑[M]. 北京：清华大学出版社，2000.
20. 季羡林. 人文地理学与天人合一思想[M]. 北京：科学出版社，1999.
21. 金学智. 中国园林美学[M]. 北京：中国建筑工业出版社，2000.
22. 蓝先琳. 中国古典园林大观[M]. 天津：天津大学出版社，2002.
23. 李峰，张焯. 《明实录》大同史料汇编[M]. 北京：北京燕山出版社，1999.
24. 李泽厚. 美的历程[M]. 北京：文物出版社，1981.
25. 梁启凡. 家具造型设计[M]. 沈阳：辽宁科学技术出版社，1985.
26. 刘敦桢. 中国古代建筑史[M]. 北京：中国建筑工业出版社，2001.
27. 刘敦桢. 苏州古典园林[M]. 北京：中国建筑工业出版社，2005.

28. 刘纲纪. 传统文化、哲学与美学[M]. 南宁: 广西师范大学出版社, 1997.
29. 娄曾泉, 颜章炮. 明朝史话[M]. 北京: 北京出版社, 1984.
30. 罗哲文, 王振复. 中国建筑文化大观[M]. 北京: 北京大学出版社, 2001.
31. 孟森. 明史讲义[M]. 上海: 上海古籍出版社, 2002.
32. 潘谷西. 江南理景艺术[M]. 南京: 东南大学出版社, 2001.
33. 彭一刚. 中国古典园林分析[M]. 北京: 中国建筑工业出版社, 2002.
34. 蒲震元. 中国艺术意境论[M]. 北京: 北京大学出版社, 1999.
35. 汤纲, 南炳文. 明史[M]. 上海: 上海人民出版社, 1981.
36. 童寯. 江南园林志[M]. 北京: 中国建筑工业出版社, 1984.
37. 王毅. 园林与中国文化[M]. 上海: 上海人民出版社, 1995.
38. 王振复. 中国建筑的文化历程[M]. 上海: 上海人民出版社, 2000.
39. 魏士衡. 中国自然美学思想探源[M]. 北京: 中国城市出版社, 1994.
40. 魏士衡. 《园冶》研究——兼探中国园林美学本质[M]. 北京: 中国建筑工业出版社, 1997.
41. 吴仁安. 明清江南望族与社会经济文化[M]. 上海: 上海人民出版社, 2001.
42. 吴中杰. 中国古代审美文化论[M]. 上海: 上海古籍出版社, 2003.
43. 徐复观. 中国艺术精神[M]. 桂林: 广西师范大学出版社, 2007.
44. 张法. 中国美学史[M]. 上海: 上海人民出版社, 2002.
45. 张家骥. 园冶全释[M]. 太原: 山西古籍出版社, 2002.
46. 张家骥. 中国造园论[M]. 太原: 山西人民出版社, 1991.
47. 张家骥. 中国造园史[M]. 太原: 山西人民出版社, 1986.
48. 张彤. 整体地区建筑[M]. 南京: 东南大学出版社, 2003.
49. 张学智. 明代哲学史[M]. 北京: 北京大学出版社, 2000.
50. 赵兴华. 北京园林史话[M]. 北京: 中国林业出版社, 2000.
51. 赵园. 明清之际士大夫研究[M]. 北京: 北京大学出版社, 2000.
52. 郑文. 江南世风的转变与吴门绘画的掘兴[M]. 上海: 上海文化出版社, 2007.
53. 郑克晟. 明清史探实[M]. 北京: 中国社会科学出版社, 2001.
54. 中国建筑史编写组. 中国建筑史[M]. 北京: 中国建筑工业出版社, 1982.

55. 周群. 儒释道与晚明文学思潮[M]. 北京：上海书店出版社，2000.
56. 周维权. 中国古典园林[M]. 北京：清华大学出版社，2000.
57. 朱光潜. 谈美书简二种[M]. 上海：上海文艺出版社，1999.
58. 朱良志. 曲院风荷[M]. 合肥：安徽教育出版社，2003.
59. 朱铭董，占军. 壶中天地——道与园林[M]. 济南：山东美术出版社，1998.
60. 朱偰. 金陵古迹图考[M]. 北京：中华书局，2006.
61. 朱偰. 金陵古迹名胜影集[M]. 北京：中华书局，2006.
62. 宗白华. 中国园林艺术概观[M]. 南京：江苏人民出版社，1987.
63. 宗白华. 美学散步[M]. 上海：上海人民出版社，1997.
64. 宗白华. 艺境[M]. 北京：北京大学出版社，1997.
65. 曹林娣. 明代苏州文人园解读[J]. 苏州大学学报：哲学社会科学版，2006(3)：90-96.
66. 曹宁，胡海燕. 论明清江南园林之装饰艺术与时代人文思想[J]. 西北大学学报：哲学社会科学版，2007(2)：181-184.
67. 曹汛. 略论我国古代园林叠山艺术的发展演变[J]. 建筑历史与理论，1980：74-83.
68. 封云. 亭台楼阁——古典园林的建筑之美[J]. 华中建筑，1998(3)：127-129.
69. 高丰. 我国古代几部重要的设计典籍[J]. 美术观察，2004(3)：96-97.
70. 戈静，祁嘉华. 文人园林的诗意之美[J]. 美与时代：下半月，2009(1)：93-95.
71. 顾蓓蓓. 中国古代园林的美与哲理[J]. 规划师，2004(1)：99-110.
72. 侯佳彤. 明清私家园林的人文情怀[J]. 文艺评论，2009(3)：94-96.
73. 何刚. 由《长物志》谈我国古代建筑设计思想[J]. 中州建设，2006，10：67.
74. 焦洋. 文人园林的"中国情感"[J]. 南方建筑，2006(1)：87-89.
75. 蒋小兮，陶振民. 中国古代建筑美学中所蕴含的传统文化[J]. 武汉城市建设学院学报，1995(4)：58-62.
76. 李全生. 布迪厄场域理论简析[J]. 烟台大学学报：哲学社会科学版，2005，15(2)：146-150.

77．李效军，陈翔．可持续的生态建筑设计[J]．建筑学报，2001(5)：47-50．
78．林珏．中国文人园林的发展[J]．园林，2006(1)：27-28．
79．刘显波．《长物志》中的明代家具陈设艺术[J]．中华建设，2007(9)：45-46．
80．孟兆祯．中国风景园林的特色[J]．广东园林，2006(1)：3 7．
81．孟兆祯．从来多古意 可以赋新诗——中国风景园林设计理法[J]．风景园林，2005(2)：14-24．
82．聂春华．诗意空间的权利经纬——布迪厄场域理论在中国古典文人园林中的运用[J]．暨南学报：哲学社会科学版，2007，3(128)：131-136．
83．石秀明，俞慧珍．江苏文人写意山水园林的花木配置[J]．中国园林，2001(6)：71-74
84．寿劲秋，叶苹，赵飞鹤．中国古典园林意境的暗示手法[J]．河南科技大学学报：哲学社会科学版，2004(4)：59-61．
85．孙筱祥．中国山水画论中有关园林布局理论的探讨[J]．园艺学报，1964(2)：63-74．
86．汪菊渊．苏州明清宅园风格的分析[J]．园艺学报，1963(2)：160．
87．王瑛．对当代建筑全球化的几点思考[J]．新建筑，2001(5)：65-67．
88．王乾宏，弓弼，刘建军．浅论中国古典园林生态观[J]．西北林学院学报，2007，22(3)：210-214．
89．王晋韬．论明清园林叠山与绘画的关系[J]．建筑历史，2008：170-172．
90．吴学锋．文人画对中国古典园林设计艺术思想的影响[J]．浙江林学院学报，2005，22(2)：231-234．
91．吴晓枫．现代与历史相遇的诗性审美空间 解读中国古典园林的永恒魅力[J]．河北科技大学学报：哲学社会科学版，2007，7(3)：77-86．
92．吴剑．浅谈委婉含蓄[J]．现代语文：语言研究版，2007(10)：67-68．
93．徐千里．全球化与地域性——一个“现代性”问题[J]．建筑师，2004(3)：68-75．
94．闫厚武，潘世玲．浅析中国古典园林意境的营造方法[J]．南京工程学院学报：哲学社会科学版，2006，6(1)：27-31．

95. 杨鸿勋. 中国古典园林的基本理念：人为环境和自然环境的融合[J]. 风景园林，2006(6)：14.
96. 易涵. 建筑形式全球化的探讨[J]. 建材世界，2009，30(4)：94-97.
97. 张劲农. 文人园林与山水情怀[J]. 广东园林，2007，29(6)：5-7.
98. 张燕. 论中国造物艺术中的天人合一哲学[J]. 文艺研究，2003(6)：114-120.
99. 张雪. 《长物志》中的艺术设计思想[J]. 中国科技，2008(19)：118-119.
100. 赵春光. 中国传统室内设计的设计美学[J]. 浙江工艺美术，2007(2)：34-36.
101. 邹敏. 中国古典园林花木美景的欣赏和塑造[J]. 南方建筑，2004(3)：28.
102. 查尔斯·莫尔. 风景——诗化般的园艺为人类再造乐园[M]. 李斯，译. 上海：光明日报出版社，2000.
103. 冈大路. 中国宫苑园林史考[M]. 常流生，译. 北京：农业出版社，1988.
104. 黑格尔. 美学：第三卷上册[M]. 朱光潜，译. 北京：商务印书馆，1979.
105. 肯尼斯·弗兰姆普敦. 建构文化研究[M]. 王骏阳，译. 北京：中国建筑工业出版社，2007.
106. 诺伯格·舒尔茨. 场所精神——迈向建筑现象学[M]. 施植明，译. 台北：田园城市文化事业有限公司，1995.
107. 皮埃尔·布迪厄，华康德. 实践与反思：反思社会学导引[M]. 李猛，李康，译. 邓正来，校. 北京：中央编译出版社，1998.
108. P. K. 博克. 多元文化与社会进步[M]. 余兴安，译. 沈阳：辽宁人民出版社，1998.
109. 彼德·琼斯. 意象派诗选[G]. 裘小龙，译. 桂林：漓江出版社，1989.
110. 叔本华. 作为意志和表象的世界[M]. 石冲白，译. 杨一之，校. 北京：商务印书馆，1982.
111. 约翰·汤姆林. 全球化与文化[M]. 郭英剑，译. 南京：南京大学出版社，2002.
112. 针之谷钟吉. 西方造园变迁史——从伊甸园到天然公园[M]. 邹洪灿，译. 北京：中国建筑工业出版社，1991.